智能制造与装备制造业转型升级丛书

配电变压器关键参数非侵入式在线检测

吴 琦 马璐瑶 鲍晓华 吴可汗 著
邹明继 吴 青 盛 娜

U0391016

机 械 工 业 出 版 社

本书主要内容旨在研究如何准确地实现对配电变压器各个关键参数的非侵入式在线检测，包括配电变压器的空载电流、短路阻抗、空载损耗、负载损耗以及额定容量和无功损耗等参数，从而进一步确定额定容量和型号。在每章中均分析了各个参数的工程和电磁计算方法，并进行了仿真测试。

图书在版编目（CIP）数据

配电变压器关键参数非侵入式在线检测/吴琦等著. —北京：机械工业出版社，2020. 6

（智能制造与装备制造业转型升级丛书）

ISBN 978-7-111-64945-8

Ⅰ. ①配…　Ⅱ. ①吴…　Ⅲ. ①配电变压器-检测　Ⅳ. ①TN421

中国版本图书馆 CIP 数据核字（2020）第 037346 号

机械工业出版社（北京市百万庄大街 22 号　邮政编码 100037）
策划编辑：李小平　责任编辑：李小平
责任校对：王　延　封面设计：马精明
责任印制：常天培
北京捷迅佳彩印刷有限公司印刷
2020 年 6 月第 1 版第 1 次印刷
169mm×239mm · 8 印张 · 159 千字
0001—1200 册
标准书号：ISBN 978-7-111-64945-8
定价：59.00 元

电话服务　　　　　　　　网络服务
客服电话：010-88361066　　机　工　官　网：www.cmpbook.com
　　　　　010-88379833　　机　工　官　博：weibo.com/cmp1952
　　　　　010-68326294　　金　书　网：www.golden-book.com
封底无防伪标均为盗版　　机工教育服务网：www.cmpedu.com

前　　言

本书可以作为高等学校电气专业的参考教材，也可以作为变压器生产、制造、试验厂家和电力部门的工具用书。

随着我国经济的发展，用电量增大，用户对供电可靠性的要求也不断提高。变压器作为电力系统中重要的输配电设备，尤其是 35kV 及以下配电变压器分布范围广、数量大，这部分配电变压器直接面对终端用户，其性能的好坏直接影响着电力系统的安全稳定运行，因此确保其安全、可靠、经济运行是一个至关重要的问题。实现对配电变压器关键参数的非侵入式在线检测，为其运行在最佳工作状态提供可靠的参考依据，有助于电力系统的稳定、经济运行。另一方面也为变压器检测过程提供了很大的便利，具有很好的实用性和经济性。

本书研究和探讨的内容拟解决配电变压器实际运行中可能出现的铭牌参数与实际不相符等问题。相比于目前普遍的离线侵入式检测方法，本书提出的非侵入式在线检测方法能够精确、方便地检测变压器的各项参数，降低了检测成本，提高了检测效率。

以往的电力变压器相关书籍大多是介绍相关参数的工程计算，偏向于结构设计和理论分析。本书立足教学改革的主流方向，顺应工程实践的发展需要，旨在编写一本既能满足变压器工程和电磁理论分析的需要，同时又具有很强实操性的作业指导书或工具书。

全书共分为三部分：第一部分为背景部分（第 1 章），包括配电变压器的基本介绍、发展历程、分类、结构、运行方式、特征参数等；第二部分为理论部分（第 2~7 章），主要探讨配电变压器几个主要参数的在线检测原理与检测方法，包括离线与在线、侵入式与非侵入式的区别，变压器空载电流、短路阻抗、空载损耗及额定负载损耗、额定容量、无功损耗等的在线检测方法；第三部分为试验部分（第 8 章），主要介绍干式配电变压器的出厂试验，包括试验项目、试验方法和试验数据。

本书主要特点是在分析了配电变压器各个参数的理论工程计算和电磁计算后，添加了仿真部分。秉承理论指导仿真的原则，实现对变压器参数的非侵入式在线检测。具体包括：

（1）配电变压器的理论背景介绍。包括配电变压器的基本介绍、发展历程、分类、结构、运行方式、特征参数等。将这些在传统电力变压器设计原理中繁琐的介绍和基本理论内容浓缩成一章。

（2）编入对变压器的离线与在线检测方法对比，并解释侵入式与非侵入式检测在电气设备上的运用原理。

（3）结合现有的变压器单一参数的在线检测方法，衍生出一系列其他参数的在线检测方法，包括空载电流、短路阻抗、空载损耗及额定负载损耗的在线检测。并根据多参数配合进一步确定变压器的额定容量以及无功损耗。

（4）在对变压器空载损耗的在线检测基础上提出了空载损耗的精确计算模型，并根据此模型在仿真软件 Matlab/Simulink 上搭建了仿真计算模型。通过仿真模拟变压器运行，在线检测出变压器某段时间的电压和电流运行数据并进行拟合，即可得到所需检测的变压器参数。每一个参数检测方法对应一个仿真模型。

（5）本书最后的试验部分针对常用容量的干式变压器做了一系列出厂试验，试验记录单上基本上包括了变压器所有参数，与现行国家标准一致。本书参考了现行国家标准 GB/T 6451—2015、GB/T 10228—2015 等。

虽然作者长期致力于配电变压器的研究，在书中加入了自己的研究内容，也提出了自己的一些拙见，但水平有限，故书中谬误之处在所难免，敬请读者不吝指正。

作　者

2019 年 12 月

目　　录

第1章
配电变压器原理

配电变压器是指配电系统中根据电磁感应定律变换交流电压和电流而传输交流电能的一种静止电气设备。

1.1 概述

1.1.1 配电变压器

通常将运行在配电网中电压等级为 10～35kV、容量为 6300kVA 及以下、直接向终端用户供电的电力变压器称为配电变压器，简称"配变"。生活中非常常见的油浸式配电变压器如图 1-1 所示，干式配电变压器一般用在室内场所，如图 1-2 所示。

图 1-1　油浸式配电变压器

配电变压器作为电力系统和用户广泛使用的电气设备，在电力输送、分配和使用过程中发挥着重要的作用，它的性能、质量直接关系到电力系统运行的可靠性和运营效益。配电变压器在能量转换过程中效率非常高，一般都在 95% 以上，应用于国计民生的各个领域，数量多、总容量大。

图 1-2　干式配电变压器

变压器的作用是多方面的：不仅能升高电压，把电能送到用电地区；还能把电压降低为各级使用电压，以满足用电的需要。总之，升压与降压都必须由变压器来完成。在电力系统传送电能的过程中，必然会产生电压和功率两部分损耗，在输送同一功率时电压损耗与电压成反比，功率损耗与电压的二次方成反比。利用变压器提高电压，可以减少送电损失。

变压器是由绕在同一铁心上的两个或两个以上的绕组组成，绕组之间通过交变磁场而联系着，并按电磁感应原理工作。变压器安装位置应考虑便于运行、检修和运输等因素。在使用变压器时必须合理地选用变压器的额定容量；变压器空载运行时，需用较大的无功功率，无功功率要由供电系统供给。变压器的容量若选择过大，不但增加了初始投资，而且使变压器长期处于空载或轻载运行，使空载损耗的比重增大，功率因数降低，损耗增加，既不经济又不合理；变压器容量选择过小，会使变压器长期过负荷，易损坏设备。因此，变压器的额定容量应根据用电负荷的需要进行正确选择、合理配置。

1.1.2　变压器的型号

电力变压器的规格型号比较多，不同种类变压器，其规格含义也不同。变压器的型号通常由表示相数、冷却方式、调压方式、绕组线芯材料的符号，以及变压器容量、额定电压、绕组联结方式组成。常用电力变压器型号及表示的意义如图 1-3 所示。

例如：

（1）SFZ - 10000/110：表示三相自然循环风冷有载调压、额定容量为10000kVA、高压绕组额定电压 110kV 电力变压器。

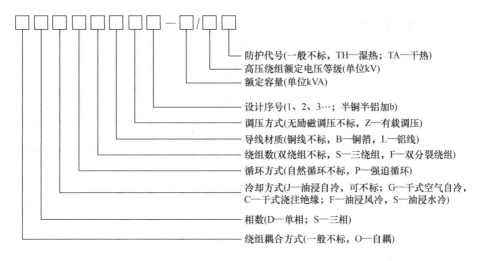

图1-3　变压器常用型号

（2）S9-160/10：表示三相油浸自冷式、双绕组无励磁调压、额定容量160kVA、高压侧绕组额定电压为10kV电力变压器。

（3）SC8-315/10：表示三相干式浇注绝缘、双绕组无励磁调压、额定容量315kVA、高压侧绕组额定电压为10kV电力变压器。

为便于读者了解其他类型变压器符号的意义，表1-1列出了其他各类变压器的型号及意义，供读者做参考。

表1-1　各类变压器常用型号及意义

电力变压器		调压变压器		自耦变压器	
D	单相	T	调压器	O	自耦
J	油浸	O	自耦		注：O在前为降压；O在后为升压
G	干式	Y	移圈		
C	干式浇注	A	感应	S、D、J、F、F、P、Z	同电力变压器
S	油浸水冷	C	接触		
F	油浸风冷	P	强油循环	干式变压器	
S	三绕组、三相	X	线端	G	干式
FP	强油风冷	Z	中点	Q	加强
Z	有载	C	串联	H	防火
SP	强油水冷	S、D、G、F、J、Z	同电力变压器	D、S	同电力变压器
T	成套			低压变压器	
D	移动式	矿用变压器		D	低电压

（续）

电力变压器		调压变压器		自耦变压器	
L	铝线	K	矿用	S	水冷
整流变压器		D、G、S	同电力变压器	D、J	同电力变压器
Z	整流	船用变压器		串联变压器	
K	电抗器	S	防水	C	串联
J	电力机车用	D、G	同电力变压器	S、D、J、SP	同电力变压器
S、D、J、F、FP	同电力变压器	电阻炉用变压器		消弧线圈	
起动变压器		ZU	电阻炉用	X	消弧
Q	起动	S、D、J、SP	同电力变压器	D、J	同电力变压器
S、J	同电力变压器	电炉用变压器		其他变压器	
试验变压器		H	电炉	L	滤波
Y	试验	K	附电抗器	F	放大器
D、J、G、S	同电力变压器	S、J、FP、SP	同电力变压器	C	磁放大器
中频淬火用变压器		封闭电弧炉用变压器		T	调幅
R	中频	BH	封闭电弧炉	TN	电压调整器
G	同电力变压器	S、J	同电力变压器	TX	移相

1.2　变压器的发展历程

我国从 20 世纪 40 年代开始生产变压器，历经 20 世纪 50～80 年代，变压器电压等级从 10kV 级达到了 500kV 级，目前我国已建成交流 1000kV 级特高压输变电网，同时变压器的制造技术处于世界领先地位。

"六五"（1981～1985 年）～"八五"（1991～1995 年）期间，沈阳变压器研究所、西安西电变压器有限公司、保定变压器厂等大中骨干变压器企业，投入了专项资金进行技术改造、设备更新、净化工程和技术引领，加强了新产品开发和更新换代的步伐。10kV～220kV 电力变压器高能耗产品已被逐步淘汰，一代又一代低损耗节能型产品相继问世。"六五"末期，国家把变压器的节能和提高可靠性列为重点开发项目，铝线变压器开始逐步淘汰，S7 系列铜线变压器开始占领市场。为开发出损耗更低的节能产品，沈阳变压器研究所于 1985 年在天津组织了 S9-30～1600/10 系列配电变压器的统一设计（S9 型），并以此派生了"10"型和"11"型更低损耗的节能型产品。此后又开发了"11"型叠片式和卷铁心节能型配电变压器，在城市和农网改造中也发挥了重要作用。

1.2.1 配电变压器目前状况

2017 年，中国配电变压器容量约为 8.8 亿 kVA，同比增长了 7.3%。其中，10kV 占比约为 83%，6kV 占比约为 4%，20kV 占比约为 2%，35kV 占比约为11%。随着电网投资向配电网建设倾斜，预计至 2023 年国内配电变压器新增容量将达到 11.5 亿 kVA 容量。

从电网规划来看，未来至 2023 年配电网改造为重点投资方向，同时随着全国配电网建设改造工作的加快推进，预计至 2023 年配电变压器需求仍将持续增长，主要表现在以下几个方面：

（1）10kV 在不同的电压等级中应用最大。在不同的电压等级配电变压器中，10kV 配电变压器应用量大、范围广，预计至 2023 年期间占比将一直保持在 80%以上，容量将达到 95，692 万 kVA；6kV 应用范围窄，占比保持稳定；20kV 推广应用难，短期内不会较大发展；35kV 的配电变压器生产门槛相对较高，应用场景固定，占比也将稳步保持在 10% 左右。

（2）油浸式配电变压器将一直保持 50% 以上的份额。

（3）环氧树脂变压器占比仍在多数。Nomex 纸主要应用于特种变压器、出口变压器，虽然 Nomex 纸已实现国产化，但品质方面与杜邦纸相比仍有差距，且价格仍大幅高于其他绝缘材料；未来环氧树脂变压器占比仍在多数。

（4）现阶段油变以 S11、S13 为主。

（5）干式配电变压器能效占比最高。能效占比最高的为 SCB10，约为 66%，根据《配电变压器能效提升计划》，预计至 2023 年 SCB10 占比将逐年降低，SCB11占比上升至 34%。

（6）至 2023 年非晶合金配电变压器增幅变化不大。非晶合金变压器容量较小，多应用于农网改造项目中，非晶合金变压器节能效果优于传统硅钢，但噪音大，多应用于远离人群聚集区域，预计至 2023 年非晶合金配电变压器增幅变化不大。

（7）新能源发电对配电变压器的需求比例逐年上升。

目前配电变压器应用量最高的为电网，应用比例一直保持在 35% 以上；其次为工业，占比 25% 左右；预计传统发电行业至 2023 年不会出现大幅上涨，新能源发电作为目前国家重点发展领域，对配电变压器的需求比例将逐年上升。

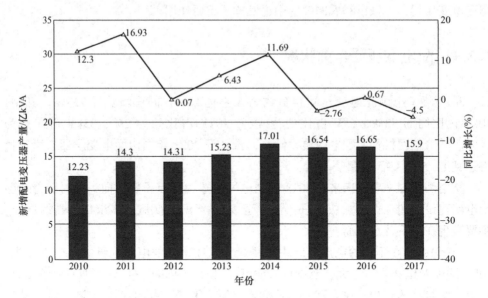

图 1-4　近些年配电变压器年产量增长趋势

1.2.2　节能型配电变压器的发展

随着配电变压器运行总容量不断的提高，其运行中产生的损耗变得相当可观。降低配电变压器损耗，对于节约能源，保护生态环境，加速国民经济发展都具有十分重要的意义。

随着中国"节能降耗"政策的不断深入，国家鼓励发展节能型、低噪音、智能化的配电变压器产品。在运行的部分高能耗配电变压器已不符合行业发展趋势，面临着技术升级、更新换代的需求，未来将逐步被节能、节材、环保、低噪音的变压器所取代。

节能配电变压器主要有节能型油浸式变压器和非晶合金变压器两种：

（1）节能型油浸式变压器。油浸式配电变压器按损耗性能分为 S9、S11、S13系列，相比之下 S11 系列变压器的空载损耗比 S9 系列低 20%，S13 系列变压器的空载损耗比 S11 系列低 25%。供电公司已经广泛使用 S11 系列配电变压器，并正在城网改造中逐步推广 S13 系列，未来一段时间 S11、S13 系列油浸式配电变压器将完全取代现有在运行的 S9 系列。

（2）非晶合金变压器。非晶合金变压器兼具了节能性和经济性，其显著特点是，空载损耗很低，仅为 S9 系列油浸式变压器的 20% 左右，符合国家产业政策和电网节能降耗的要求，是节能效果较理想的配电变压器，特别适用于农村电网等负载率较低的地方。尽管国家发展和改革委员会早于 2005 年已开始鼓励和推广非晶合金变压器，但受制于原材料非晶合金带材产能不足的制约，非晶合金变压器一直未进行大规模生产。在运行使用的非晶合金变压器占配电变压器的比重仅为 7% ~ 8%，全国范围内仅上海、江苏、浙江等地区大批量采用非晶合金变压器。

国家统计局数据显示，2007 ~ 2011 年，电力变压器制造行业的销售规模不断扩大，销售收入每年以 13% 以上的速度增长，2011 年销售收入达到 1784. 36 亿元，同比增长 16. 53%；实现利润总额 102. 14 亿元，同比减少 5. 43%。总体来看，2011 年，中国电力变压器制造行业发展稳定，但盈利能力有所下滑。2012 ~ 2017 年，我国变压器行业市场规模整体上处于不断增长趋势，增长速度较为波动。2012 ~ 2017 年，我国变压器行业销售收入已达 3170. 74 亿元，同比增长 9. 28%。2014 年我国变压器行业销售收入突破 4000 亿元。到了 2016 年我国变压器行业销售收入达到 4433. 74 亿元，同比增长 12. 24%。截止到 2017 年我国变压器行业销售收入达到了 4379. 75 亿元，同比下降 1. 22%。出于全球经济环境的考虑，我国未来会加大可再生能源的占比，这将为变压器行业发展带来新的发展机遇。

1.3　配电变压器的分类

配电变压器的分类与一般电力变压器和电子变压器有所不同，主要包括相数、绕组形式、铁心形式、冷却方式、调压方式以及能效等级六种分类方法。

1. 相数

（1）单相变压器。用于单相负荷和三相变压器组，适宜在负荷密度较小的低压配电网中应用和推广。

（2）三相变压器。用于三相交流电力系统的升压、降压。

2. 绕组形式

（1）双绕组变压器。用于连接电力系统中的两个电压等级。

（2）三绕组变压器。一般用于电力系统区域变电站中，连接三个电压等级。

（3）自耦变压器。用于连接不同电压的电力系统。也可作为普通的升压或降压变压器用。

3. 铁心形式

（1）心式变压器。用于高压的配电变压器。

（2）壳式变压器。用于大电流的特殊变压器，如电炉变压器等。

4. 冷却方式

（1）油浸式变压器。绝缘介质为变压器油、纸板等，散热介质为变压器油，体积大、成本相对低。

（2）干式变压器。绝缘介质为环氧树脂、空气等，散热介质为空气，容量不是很大，成本相对较高。

具体区别见表1-2。

5. 调压方式

（1）无载调压变压器。不具备带负载转换档位的能力，调档时必须使变压器停电。

（2）有载调压变压器。可带负荷切换档位。

表1-2　干式变压器与油浸式变压器对比

		干式变压器	油浸式变压器
定义		依靠空气对流进行冷却，一般用于写字楼、城市的楼堂馆所等高档地区的照明、电子线路等中小容量的变压器。电压比为10kV/400V，用于带额定电压380V、220V的负载	依靠油作冷却介质，如油浸自冷、油浸风冷、油浸水冷及强迫循环等。一般用于火电厂升压变压器的主变压器，电压比为20kV/50kV，或20kV/220kV，一般发电厂用于带动自身负载（比如磨煤机、引风机、送风机、循环水泵等）的厂用变压器也是油浸式变压器
结构		常把铁心和绕组用环氧树脂浇注包封起来	把由铁心及绕组组成的器身置于一个盛满变压器油的油箱中
区别	外观	可以直接看到铁心和线圈	只能看到外壳
	引线形式	大多使用硅橡胶套管	大部分采用瓷套管
	容量和电压	容量大都在2000kVA及以下，电压在10kV及以下	从小到大可以做到全部容量和全部的电压等级
	绝缘和散热	树脂绝缘，自然风冷	变压器油绝缘，散热片散热
	应用场所	大多应用在需要防火防爆的场所，大型建筑、高层建筑上应用较多	考虑到油浸式变压器出事故后容易引发火灾，大多应用在室外
	造价	高	低
优点		结构简单，一般不需要维护，占用空间少，方便判断故障。没有火灾、爆炸、污染等问题，属环保型产品	造价低，绝缘介质是油，冷却效果好，可以满足大容量
缺点		容量受到限制，一般容量在2000kVA及以下使用，造价高	需要经常巡查，关注油位的变化，容易漏油造成污染，一旦出事故造成火灾。结构复杂，占地大，不容易判断故障，需要定期维护，一般不能直接安装在室内
适应场合		室内等高要求的供配电场所，如宾馆、办公楼、高层建筑等	由于防火的需要，一般安装在单独的变压器室内或室外

6. 能效等级

配电变压器常用能效等级来区分相同额定容量的不同技术参数值（空载损耗、额定负载损耗、空载电流、短路阻抗），尤其是损耗值。从最早的 S9 系列变压器，到 S11、S13，再到现在的非晶材料 SH15 型配电变压器，我国配电变压器损耗正在逐步降低，效率不断提升。

1.4　配电变压器的结构部件

配电变压器主要分为油浸式变压器和干式变压器。干式变压器结构较为简单，下面主要介绍油浸式配电变压器的结构组成。油浸式变压器主要分为本体、油箱、储油柜、绝缘套管、分接开关、保护装置等，其外观结构如图 1-5 所示。

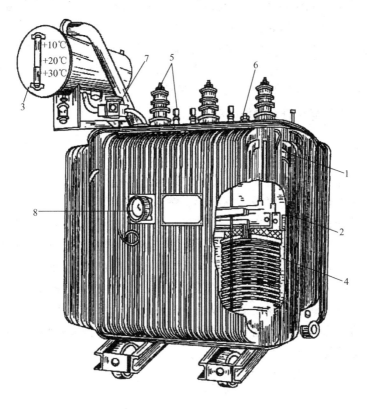

图 1-5　油浸式变压器外观图

1—油箱　2—铁心　3—储油柜　4—绕组及绝缘　5—高、低压绝缘套管
6—分接开关　7—气体继电器　8—温度计

1. 本体

本体包含了铁心、绕组及绝缘油三部分，绕组组成了变压器的电路部分，铁心组成了变压器的磁路部分，二者构成变压器的核心即电磁部分，具体如下：

（1）铁心。铁心是变压器中主要的磁路部分。通常由含硅量较高、厚度为 0.35mm 或 0.5mm、表面涂有绝缘漆的热轧或冷轧硅钢片叠装而成，铁心分为铁心柱和铁轭两部分，铁心柱套有绕组，供铁轭闭合磁路之用。铁心结构的基本形式有心式和壳式两种。

（2）绕组。绕组是变压器的电路部分，一般用绝缘扁铜线或圆铜线在绕线模上绕制而成。绕组套装在变压器铁心柱上，低压绕组在内层，高压绕组套装在低压绕组外层，低压绕组和铁心之间、高压绕组和低压绕组之间，都用绝缘材料做成的套筒分开，以便于绝缘。

（3）绝缘油。变压器油的成分较复杂，主要是由环烷烃、烷烃和芳香烃构成，在配电变压器中变压器油起两个作用：一是在变压器绕组与绕组、绕组与铁心及油箱之间起绝缘作用。二是变压器油受热后产生对流，对变压器铁心和绕组起散热作用。常用的变压器油有 10 号、25 号和 45 号三种规格，其标号表示油在零摄氏度以下开始凝固时的温度，例如"25 号油"表示这种油在 −25℃ 时开始凝固，应该根据当地的气候条件选择油的规格。

2. 油箱

配电变压器油箱的作用是将变压器内部与外界空气隔离，因为其机械强度较高，且所需油量较少，一般做成椭圆形。然而，要做到完全不透气是很难的，因为当油受热后膨胀会把油箱中的空气排出，而冷却的时候收缩又会从外界吸进潮湿的空气，这种现象称为呼吸作用。所以为了减小油与空气的接触面积以降低油的氧化速度和进入变压器油的水分，通常在油箱上安装一个储油柜。

油箱顶盖装有一个排气管，亦称安全气道，它是作为保护变压器油箱用的。排气管的上端部装有一定厚度的玻璃板。当变压器内部发生严重事故而有大量气体形成时，排气管内的压力增加，油和气体将冲破玻璃板向外喷出，以免油箱受到强烈的压力而爆裂。

3. 储油柜

储油柜又称油枕，安装在油箱的顶盖上，为一圆筒形容器。储油柜的体积是油箱体积的 10% 左右。当变压器的体积随着油的温度变化而膨胀或缩小时，储油柜起着储油和补油的作用，保证铁心和绕组浸在油内；同时由于装了储油柜，缩小了油和空气的接触面，减少了油的劣化速度。

储油柜侧面有油标，在玻璃管的旁边有油温在 $-30℃$、$+20℃$ 和 $+40℃$ 时的油面高度标准线，表示未投入运行的变压器应该达到的油面高度。标准线主要可以反映变压器在不同温度下运行时，油量是否充足。

储油柜上装着通气管道，使储油柜上部空间和大气相通。在通气管道中存放有氯化钙等干燥剂，用以吸收空气中的水分。变压器油热胀冷缩时，储油柜上部的空气可以通过通气管道出入，使油面可以上升或下降，防止油箱变形甚至损坏。储油柜的底部还装有沉积器，以沉聚侵入变压器油中的水分和污物，定期加以排除。

4. 绝缘套管

绝缘套管是变压器油箱外的主要绝缘装置，大部分变压器绝缘套管采用瓷质绝缘套管。变压器通过高、低压绝缘套管，把变压器高、低压绕组的引线从油箱内引至油箱外，使变压器绕组对地（外壳和铁心）绝缘，并且还是固定引线与外电路连接的主要部件。一般地高压瓷套管比较高大，低压瓷套管比较矮小。

5. 分接开关

变压器高压绕组改变抽头的装置，调整分接位置，可以增加或减少一次绕组部分匝数，以改变电压比，使输出电压得到调整。

6. 保护装置

（1）气体继电器。气体继电器装于变压器油箱与储油柜连接管中间，与控制电路连通构成瓦斯保护装置。气体继电器上接点与轻瓦斯信号构成一个单独回路，气体继电器下接点连接外电路构成重瓦斯保护，重瓦斯保护动作使高压断路器跳闸并发出重瓦斯动作信号。

（2）防爆管。防爆管是变压器的一种安全保护装置，装于变压器大盖上面，防爆管与大气相通，故障时热量会使变压器油汽化，触动气体继电器发出报警信号或切断电源避免油箱爆裂。

1.5　配电变压器的运行方式

变压器运行方式一般分为空载运行和负载运行两种方式。配电变压器主要工作在负载运行状态，熟悉变压器的基本工作原理能够帮助更好地理解其两种工作方式。

1.5.1　配电变压器的基本工作原理

变压器是利用电磁感应原理，以交变磁场为媒介，把绕组从电源吸收的某一种电压的交流电能转变成频率相同的另一种电压的交流电能，转换后的电能由另一绕组向负载提供。除自耦变压器外，一般的变压器一次绕组和二次绕组之间只有磁的耦合，没有电路上的直接联系。

一般的变压器由铁心（或磁心）和绕组组成，绕组由两个或两个以上的线圈组成，其中接电源的绕组叫一次绕组，另一个的绕组叫二次绕组。它可以变换交流电压、电流和阻抗。最简单的铁心变压器由一个软磁材料做成的铁心及套在铁心上的两个匝数不等的绕组构成，以单相变压器为例，如图1-6所示。

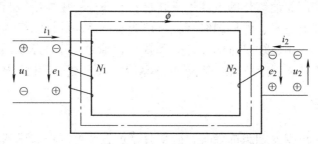

图1-6　单相变压器工作原理示意图

铁心的作用是加强两个线圈间的磁耦合，提供磁路通道。为了减少铁心内涡流和磁滞损耗，铁心由涂漆的硅钢片叠压而成。两个绕组之间没有电的联系，绕组由绝缘铜线（或铝线）绕成。一个绕组接交流电源称为一次绕组，另一个绕组接用电器称为二次绕组。实际的变压器是很复杂的，不可避免地存在铜耗（绕组电阻发热）、铁损（铁心发热）和漏磁（经空气闭合的磁感应线）等，为了简化讨论这里只介绍理想变压器。理想变压器成立的条件是，忽略漏磁通，忽略一、二次绕组的电阻，忽略铁心的损耗，忽略空载电流（二次绕组开路，一次绕组中的电流）。例如电力变压器在满载运行时（二次绕组输出额定功率）即接近理想变压器情况。

当变压器的一次绕组接在交流电源上时，铁心中便产生交变磁通，交变磁通用 ϕ 表示，假设主磁通是按正弦规律变化的，则

$$\phi = \Phi_{\mathrm{m}} \sin\omega t \tag{1-1}$$

式中　Φ_{m}——主磁通最大值。

由法拉第感应定律可知一、二次绕组中的感应电动势分别为

$$e_1 = -N_1 \frac{\mathrm{d}\phi}{\mathrm{d}t} = -N_1 \frac{\mathrm{d}(\Phi_{\mathrm{m}}\sin\omega t)}{\mathrm{d}t}$$

$$= -N_1\omega\Phi_{\mathrm m}\cos\omega t = N_1\omega\Phi_{\mathrm m}\sin(\omega t - 90°) \tag{1-2}$$

同理

$$e_2 = N_2\omega\Phi_{\mathrm m}\sin(\omega t - 90°) \tag{1-3}$$

式中　N_1、N_2——一、二次绕组匝数。

从式(1-2) 和式(1-3) 可以看出，当主磁通按正弦规律变化时，它在铁心中感应出的电动势也随之按正弦规律变化，并在相位上落后于主磁通 90°。

一、二次绕组的感应电动势有效值分别为

$$E_1 = \frac{1}{\sqrt 2}\times 2\pi fN_1\Phi_{\mathrm m} = 4.44fN_1\Phi_{\mathrm m} \tag{1-4}$$

$$E_2 = 4.44fN_2\Phi_{\mathrm m} \tag{1-5}$$

由图 1-6 理想变压器模型可知 $u_1 = -e_1$，当变压器空载时，$e_2 = u_2$。

通常把变压器一次绕组感应电动势 E_1 对二次绕组感应电动势 E_2 之比称为变压器的电压比，用符号 k 来表示，即

$$k = \frac{E_1}{E_2} = \frac{4.44fN_1\Phi_{\mathrm m}}{4.44fN_2\Phi_{\mathrm m}} = \frac{N_1}{N_2} \tag{1-6}$$

理想情况下变压器的电压比还可以近似认为等于空载运行时的相电压之比，即

$$k = \frac{E_1}{E_2} = \frac{N_1}{N_2} = \frac{U_1}{U_2} \tag{1-7}$$

1.5.2　空载运行

空载是变压器的一种运行状态，它是负载运行的一种特殊情况，即二次电流等于零的状况。先分析空载运行，有助于理解变压器整个的电磁关系。

图 1-7 是一台单相变压器空载运行的磁路示意图，AX 是一次绕组，匝数为 N_1，ax 是二次绕组，匝数为 N_2。变压器由交流电源供电，各个电磁量都以电源的频率交变。虽然各量的幅值不变，但它们的瞬时值不仅大小而且方向都随时间在变化着。例如，在一次侧 AX 加端电压 u_1，在一定时间里 A 点电位高于 X 点；而另一时间 A 点电位又低于 X 点，空载电流 i_0 也是一样，有一些时间从 A 点流向 X 点；而有些时间却从 X 点流向 A 点。在分析这种问题时，应该事先规定好各电磁量的正方向，例如规定电压 u_1 从 A 点到 X 点的压降为正；电流 i_0 顺电压 u_1 正方向从 A 点流向 X 点为正等，如图 1-7 所示。规定的正方向仅仅是为了便于分析，各个电磁量的正负还得看其实际瞬时方向是不是与规定的正方向一致，如果一致，则该电磁量定为正值，否则定为负值。这样一来，电磁量除了有大小外，还有正负。因此，当规定了正方向后，并且又知道在某瞬间它的正负，便可确定它的实际方向。

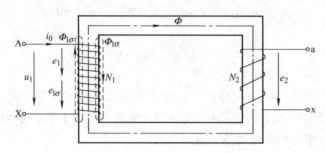

图 1-7   无分支闭合铁心磁路

规定了各电磁量的正方向才能列写有关的电磁关系式，求解各个电磁量随时间变化的情况。正方向一经选定就不得再有变动，正方向的选取也有一定的习惯，叫作惯例。国际上所采用的惯例也不统一，为了读者阅读的方便，下面选取较常用的惯例，即在消耗电能的电路里，采用电动机惯例；在产生电能的电路里，采用发电机惯例。变压器的一次侧接到电网，是电网的负载，故一次侧各量采用电动机惯例；二次绕组给外接的负载提供电能，故二次侧各量采用发电机惯例。

1. 空载运行时的状态分析

图 1-7 给出了变压器空载运行时各物理量的参考方向。一、二次绕组的匝数分别为 N_1 和 N_2。当二次绕组 ax 开路而把一次绕组 AX 接到电压为 u_1 的交流电网上，变压器此时处于空载运行状态，这时有电流 i_0 流入一次绕组，称为空载电流。空载电流 i_0 产生的空载磁动势 $F_0 = i_0 N_1$，在磁动势 F_0 的作用下变压器铁心内产生磁通。由于 i_0 主要产生空载磁通，又称为励磁电流，F_0 又称为励磁磁动势。

空载磁通可分为两个部分：主要的一部分磁通 Φ 是以闭合铁心为路径，同时与一、二次绕组相匝链，是变压器能量传递的媒介，属于工作磁通，称为主磁通；另一部分磁通 $\Phi_{1\sigma}$，它仅和一次绕组相匝链而不与二次绕组相匝链，主要通过非磁性介质（变压器油或空气）而形成闭合回路，属于非工作磁通，这部分磁通称为一次绕组的漏磁通。由于变压器的铁心都是用高额定磁导率材料硅钢片制成的，磁导率 μ_{Fe} 约为空气的 2000 多倍以上。因此，空载运行时绝大部分磁通都在铁心中闭合，只有很少的部分在铁心外面。根据大多数经验，变压器在空载运行时主磁通约占全部磁通的 99% 以上，而漏磁通仅占全部磁通的 1% 以下。

根据电磁感应定律，任一交变磁通都将在与其相匝链的绕组中感应出相应的电动势。因此，主磁通 Φ 将分别在一、二次绕组中感应出电动势 e_1 和 e_2；而漏磁通 $\Phi_{1\sigma}$ 只与一次绕组匝链，所以只在一次绕组中感应出漏感电动势 $e_{1\sigma}$。在图 1-7 所示的参考方向下，一、二次绕组的感应电动势可以分别用下列方程式来表示：

一次绕组（包括主电动势和漏感电动势）

$$e_1 = -N_1 \frac{\mathrm{d}\Phi}{\mathrm{d}t} \tag{1-8}$$

$$e_{1\sigma} = -N_1 \frac{\mathrm{d}\Phi_{1\sigma}}{\mathrm{d}t} \tag{1-9}$$

二次绕组

$$e_2 = -N_2 \frac{\mathrm{d}\Phi}{\mathrm{d}t} \tag{1-10}$$

假设主磁通 Φ 是按正弦规律变化的，则有

$$\Phi = \Phi_m \sin\omega t \tag{1-11}$$

式中　Φ_m——主磁通最大值。

将式(1-11)代入式(1-8)中，可得

$$e_1 = -N_1 \frac{\mathrm{d}\Phi}{\mathrm{d}t} = -N_1 \frac{\mathrm{d}(\Phi_m \sin\omega t)}{\mathrm{d}t} = N_1 \omega \Phi_m \sin(\omega t - 90°) = E_{1m}\sin(\omega t - 90°) \tag{1-12}$$

同理

$$e_2 = E_{2m}\sin(\omega t - 90°) \tag{1-13}$$

式中　E_{1m}，E_{2m}——感应电动势最大值。

可以看出，当主磁通按正弦规律变化时，它所感应的电动势也按正弦规律变化，并且在相位上落后于主磁通90°。

一、二次绕组的感应电动势的有效值为

$$E_1 = \frac{1}{\sqrt{2}}N_1\omega\Phi_m = 4.44fN_1\Phi_m \tag{1-14}$$

$$E_2 = 4.44fN_2\Phi_m \tag{1-15}$$

由于它们都是按照正弦规律变化的，其相量形式为

$$\dot{E}_1 = -\mathrm{j}4.44fN_1\dot{\Phi}_m \tag{1-16}$$

$$\dot{E}_2 = -\mathrm{j}4.44fN_2\dot{\Phi}_m \tag{1-17}$$

下面推导一次绕组的漏感电动势。

假设用一个等效的正弦规律变化的电流 $i_0 = \sqrt{2}I_0\sin\omega t$ 代替实际的空载电流（实际空载电流并不是标准的正弦波），则一次绕组漏磁通为

$$\Phi_{1\sigma} = \frac{N_1 i_0}{R_{1\sigma}} = \sqrt{2}\frac{N_1 i_0}{R_{1\sigma}}\sin\omega t = \Phi_{1\sigma m}\sin\omega t \tag{1-18}$$

式中　$R_{1\sigma}$——一次绕组漏磁通路的磁阻，是与磁饱和基本无关的常数。

$\Phi_{1\sigma m}$——漏磁通的幅值，$\Phi_{1\sigma m} = \sqrt{2}N_1 I_0/R_{1\sigma}$。

在空载电流 i_0 按正弦规律变化时，一次绕组漏磁通 $\Phi_{1\sigma}$ 也是按正弦规律变化的，将式(1-18)代入式(1-9)，可得漏感电动势为

$$e_{1\sigma} = -N_1 \frac{d\Phi_{1\sigma}}{dt} = N_1\omega\Phi_{1\sigma}\sin(\omega t - 90°) = \Phi_{1\sigma m}\sin(\omega t - 90°) \quad (1-19)$$

有效值为

$$E_{1\sigma} = 4.44 f N_1 \Phi_{1\sigma m} \quad (1-20)$$

复数形式

$$\dot{E}_{1\sigma} = -j\frac{1}{\sqrt{2}}\omega N_1 \dot{\Phi}_{1\sigma m} \quad (1-21)$$

为了便于列写电动势平衡方程式以及画等效电路图，通常将漏感电动势以压降形式表示为

$$\dot{E}_{1\sigma} = -j\omega \frac{N_1^2}{R_{1\sigma}}\dot{\Phi}_{1\sigma m} = -j\omega L_{1\sigma}\dot{I}_0 = -jX_{1\sigma}\dot{I}_0 \quad (1-22)$$

式中　$X_{1\sigma}$——对应于漏磁通的一次绕组的漏电抗，$X_{1\sigma} = \omega L_{1\sigma}$；

　　　$L_{1\sigma}$——对应一次绕组的漏感，$L_{1\sigma} = N_1^2/R_{1\sigma}$，它通常是一个常数，与电流大小无关。

此外，电流流过一次绕组还将产生电阻压降，参照图1-7规定的正方向，根据基尔霍夫第二定律，可写出变压器空载运行时一次侧的电动势平衡方程

$$\begin{aligned}
\dot{U}_1 &= -\dot{E}_1 - \dot{E}_{1\sigma} + \dot{I}_0 R_1 \\
&= -\dot{E}_1 + jX_{1\sigma}\dot{I}_0 + \dot{I}_0 R_1 \\
&= -\dot{E}_1 + \dot{I}_0 Z_1 \quad (1-23)
\end{aligned}$$

式中　Z_1——一次绕组的漏阻抗，且 $Z_1 = R_1 + jX_{1\sigma}$。

在一般变压器中，一次绕组的漏阻抗压降 $I_0 Z_1 \ll -E_1$，$I_0 R_1$ 约为 $0.2\% E_1$ 以下，$E_{1\sigma}$ 约为 $0.1\% E_1$ 以下。

2. 空载电流（励磁电流）

产生主磁通的电流叫作励磁电流，用 i_m 表示。空载运行时，一次绕组的电流 i_0 全部用于产生主磁通，所以空载电流就是励磁电流，即 $i_m = i_0$。

主磁通的量值大小受到外施电压及电路参数的影响，如不考虑电阻压降和漏磁电动势，则有 $U_1 = E_1 = 4.44 f N_1 \Phi_m$。对已出厂的变压器，$N_1$ 是常数，对我国配电变压器来说，通常电网频率也是常数50Hz，故 Φ_m 正比于 U_1。换言之，当外施电压 U_1 为定值时，主磁通 Φ_m 也是定值。下面讨论一台结构已定的变压器。当外施电压已知，需要电源提供多大的励磁电流来维持一定的主磁通。根据上节的分析，励磁电流取决于变压器的铁心材料及铁心的几何尺寸。因为铁心材料是磁性物质，励磁电流的大小和波形将受到磁路饱和、磁滞及涡流的影响，下面分别予以讨论。

（1）磁路饱和的影响。磁性材料的饱和程度取决于其磁通密度 B_m。当变压器

铁心处于未饱和状态时，磁化曲线 $\Phi = f(i_0)$ 呈线性关系，磁导率是常数。当磁通 Φ 按正弦变化，空载电流 i_0 亦按正弦变化，相应波形如图1-8所示，因为未考虑铁耗电流，所以励磁电流仅含磁化电流分量。

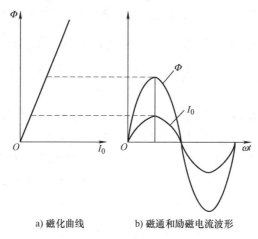

a) 磁化曲线　　　　b) 磁通和励磁电流波形

图1-8　磁路不饱和，未考虑磁滞损耗

当磁路处于饱和状态时，磁化曲线 $\Phi = f(i_0)$ 呈非线性关系，随磁通的增大，空载电流增大的速率明显提升，此时若磁通 Φ 仍按正弦变化，i_0 曲线则不再是正弦波，而是尖顶波，如图1-9所示。尖顶的程度取决于饱和程度，磁路越饱和，尖顶的幅度越大。在设计时需控制磁通密度 B_m 的大小，以免磁化电流过大。同样，因为未考虑铁耗电流，励磁电流仅含磁化电流分量。

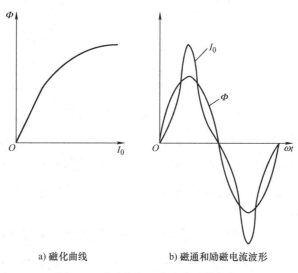

a) 磁化曲线　　　　　　b) 磁通和励磁电流波形

图1-9　磁路饱和，未考虑磁滞损耗

尖顶波除基波分量外，包含有各奇次谐波，其中以 3 次谐波幅值最大。虽然如此，励磁（空载）电流与额定电流相比仅占很小比例。但是在电路原理中，尖顶波电流不能用相量表示，为此，通常用等效正弦波代替实际的尖顶波电流。等效原则是令等效的正弦波与尖顶波电流有相同的有效值，与尖顶波的基波分量同频率和相位。这样，磁化电流便可用相量 $\dot{I}_\mu$ 表示，$\dot{I}_\mu$ 与 $\dot{\Phi}_m$ 同相位。因为 $\dot{E}_1$ 滞后于 $\dot{\Phi}_m 90°$，故 $\dot{I}_\mu$ 滞后于 $-\dot{E}_1 90°$，$\dot{I}_\mu$ 具有无功电流的性质，是励磁电流的主要成分。

（2）磁滞现象的影响。以上分析均为考虑磁滞现象。所谓磁滞现象是指铁磁质磁化状态的变化总是落后于外加磁场的变化，在外磁场撤消后，铁磁质仍能保持原有的部分磁性，其磁化曲线会呈现磁滞现象。实际上，在交变磁场的作用下，由于铁磁材料的磁滞特性，其磁化曲线会呈现磁滞现象，如图 1-10a 所示，此时励磁电流为不对称尖顶波，如图 1-10b 所示，可把它分解成两个分量。其一为对称的尖顶波，它是磁路饱和所引起的，即磁化电流分量 $\dot{I}_\mu$；另一电流分量 $\dot{I}_h$ 称为磁滞电流分量，与 $-\dot{E}_1$ 同相位，是有功分量。

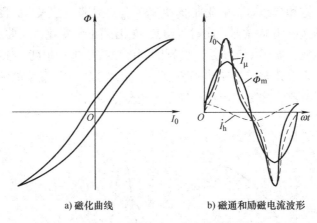

a) 磁化曲线　　　　　b) 磁通和励磁电流波形

图 1-10　磁路饱和，考虑磁滞损耗

（3）涡流的影响。交变磁通不仅在绕组中感应电动势，也会在铁心中感应出电动势，从而在铁心中产生涡流及涡流损耗。与涡流损耗对应的电流分量也是一种有功分量，用 $\dot{I}_e$ 表示，它是由涡流引起的，称为涡流电流分量。$\dot{I}_e$ 与 $-\dot{E}_1$ 同相位，也是有功分量。

由于磁路饱和、磁滞和涡流三者同时存在，所以励磁电流实际包含磁化分量 $\dot{I}_\mu$、磁滞分量 $\dot{I}_h$、涡流分量 $\dot{I}_e$ 三个分量。由于 $\dot{I}_h$ 和 $\dot{I}_e$ 同相位，因此通常将二者合并，统称为铁耗电流分量，用 $\dot{I}_{Fe}$ 表示。

$$\dot{I}_{Fe} = \dot{I}_h + \dot{I}_e \tag{1-24}$$

在变压器电路分析中，通常把励磁电流表示为铁耗电流和磁化电流两个分量，即

$$\dot{I}_m = \dot{I}_{Fe} + \dot{I}_\mu = \dot{I}_0 \tag{1-25}$$

3. 空载运行时的等效电路和矢量图

如前所述，变压器空载时一次绕组的电动势平衡方程式为

$$\dot{U}_1 = -\dot{E}_1 + j\dot{I}_0 X_{1\sigma} + \dot{I}_0 R_1 = -\dot{E}_1 + \dot{I}_0 Z_1 \tag{1-26}$$

由式(1-26) 可知，外加电压 $\dot{U}_1$ 由两部分压降组成，即 $-\dot{E}_1$ 和 $\dot{I}_0 Z_1$，由前面的分析已经知道，压降 $-\dot{E}_1$ 超前 $\dot{I}_0$ 接近 $90°$，但略小于 $90°$，因此可以理解为 $-\dot{E}_1$ 是 $\dot{I}_0$ 流过某一阻抗产生的压降，这部分压降是平衡主磁通感应电动势 $\dot{E}_1$ 的，所以这个等效阻抗称为变压器的励磁阻抗，用 Z_m 表示

$$Z_m = R_m + X_m \tag{1-27}$$

式中　R_m——励磁电阻，是反映铁耗的等效电阻；

　　　X_m——励磁电抗，是主磁通引起的电抗，反映了变压器铁心的导磁性能，代表了主磁通对电路的电磁效应，其大小反映了一定励磁电流激励主磁通的能力。

用一条支路来代替励磁电阻 R_m 和励磁电抗 X_m，该支路表示主磁通对变压器铁心的作用，再将一次绕组的电阻 R_1 和漏电抗 $X_{1\sigma}$ 在电路图上表示出来，即可得到空载时变压器的等效电路，如图 1-11 所示。一次绕组电阻 R_1 是基本不变的常量，不受铁心饱和程度的影响。由于漏磁通与空气或变压器油相匝链，其磁路是线性的，不受铁心饱和的影响，所以漏电抗 $X_{1\sigma}$ 也是基本不变的常量。而主磁通的磁路是非线性的，其励磁电阻 R_m 和励磁电抗 X_m 都是随着饱和程度的增大而减小的，这个结论在实用中很重要，感兴趣的读者可自行推导。

在变压器正常工作过程中，由于电源电压变化范围很小，故铁心中主磁通的变化范围也是不大的，励磁阻抗 Z_m 也基本不变。

根据之前推导的公式，就可以画出变压器空载运行的相量图。各物理量的大小、相位以及它们之间的相量关系。相量图的画法视给定的参考条件而定，假设已知变压器参数 R_1、X_1、R_m、X_m，则画图步骤是

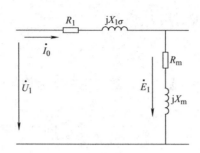

图 1-11　变压器空载等效电路

1）选择主磁通 $\dot{\Phi}_{\mathrm{m}}$ 为参考相量。

2）根据主磁通 $\dot{\Phi}_{\mathrm{m}}$ 与感应电动势的相位关系，画出落后于主磁通 90° 的感应电动势 $\dot{E}_1$ 和 $\dot{E}_2$。$\dot{E}_1 = k\dot{E}_2$，$\dot{E}_2 = \dot{U}_{20}$。

3）励磁电流 $\dot{I}_0$ 的大小为 $\dfrac{E_1}{Z_{\mathrm{m}}} = \dfrac{E_1}{R_{\mathrm{m}} + \mathrm{j}X_{\mathrm{m}}}$，相位落后于 $-\dot{E}_1$ 一个角度 $\phi_0 = \arctan\dfrac{X_{\mathrm{m}}}{R_{\mathrm{m}}}$。

4）励磁电流 $\dot{I}_0$ 可分解为与主电动势 $-\dot{E}_1$ 同相位的有功分量 $\dot{I}_{\mathrm{Fe}}$ 和与主磁通 $\dot{\Phi}_{\mathrm{m}}$ 同相位的无功分量 $\dot{I}_{\mu}$。

5）最后根据一次电压方程 $\dot{U}_1 = -\dot{E}_1 + \mathrm{j}\dot{I}_0 X_{1\sigma} + \dot{I}_0 R_1$ 画出 $\dot{U}_1$。

按照以上步骤画出的空载相量图如图 1-12 所示。

1.5.3　负载运行

变压器一次绕组接入交流电源，二次绕组接上负载 Z_{L} 后，二次绕组中有电流 $\dot{I}_2$ 流过，主磁通同时与一、二次绕组匝链，变压器以铁心中的主磁通为媒介，将一次绕组从电源吸收的电能传送到二次绕组，向负载供电，这种情况称为变压器的负载运行。下面主要分析负载运行时的电动势、磁动势平衡问题、等效电路以及负载运行相量图。

1. 负载运行时的状态分析

由上节分析可知，变压器空载运行时，空载电流 $\dot{I}_0$ 流过一次绕组形成的磁动

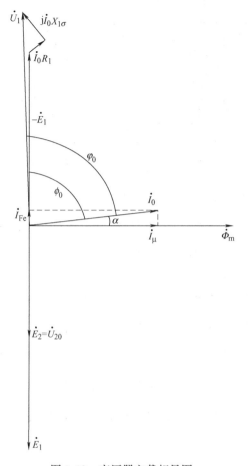

图 1-12　变压器空载相量图

势 $\dot{F}_0 = \dot{I}_0 N_1$ 产生主磁通 $\dot{\Phi}_m$，交变的主磁通在一次绕组中感应出电动势 $\dot{E}_1$，电网电压 $\dot{U}_1$ 的绝大部分被 $\dot{E}_1$ 抵消，剩下的部分为漏阻抗压降 $\dot{I}_0 Z_1$，此时变压器中的各个电磁量均处于一个平衡状态。当在变压器的一次侧接入一个负载阻抗 Z_L 时，此时变压器处于负载运行状态，如图 1-13 所示。

变压器负载运行时，二次绕组有电流 $\dot{I}_2$ 流通，此时二次绕组也要产生一个磁动势 $\dot{F}_2 = \dot{I}_2 N_2$，由于一次和二次磁动势都同时作用在同一磁路上，它与一次绕组磁动势 $\dot{F}_1 = \dot{I}_1 N_1$ 合成后才是变压器负载时的合成磁动势 $\dot{F}_m = \dot{F}_1 + \dot{F}_2$，由磁动势 $\dot{F}_m$ 产生负载时的主磁通 $\dot{\Phi}_m$。如前所述，当 $\dot{U}_1$ 一定时，由于漏阻抗压降所占比例很小，电动势 $\dot{E}_1$ 近似等于 $\dot{U}_1$，故 $\dot{E}_1$ 与 $\dot{\Phi}_m$ 都几乎不变，因此，二次磁动势 $\dot{F}_2$ 出现

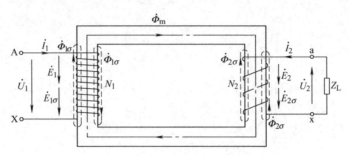

图 1-13　变压器负载运行状态

时必然引起一次电流从空载时的 $\dot{I}_0$ 增加到负载时的 $\dot{I}_1$，使 $\dot{F}_m = \dot{F}_1 + \dot{F}_2$ 基本不变，$\dot{\Phi}_m$ 也基本保持不变，$\dot{\Phi}_m$ 分别在一、二次绕组中感应出电动势 $\dot{E}_1$ 和 $\dot{E}_2$。当它们的数值恰好能在一、二次绕组中产生上述电流 $\dot{I}_1$ 和 $\dot{I}_2$ 时，变压器中一、二次侧所有电磁关系又重新达到平衡状态。

　　由上述分析可知，变压器负载运行时一、二次电流是紧密联系着的，二次电流 $\dot{I}_2$ 增加或减少，必然同时引起一次电流 $\dot{I}_1$ 的增加或减少。变压器负载运行时的磁场是由一、二次绕组的合成磁动势 $\dot{F}_m$ 所产生。一次绕组磁势 $\dot{F}_1$ 还产生仅与一次绕组匝链的漏磁通 $\dot{\Phi}_{1\sigma}$，二次绕组磁势 $\dot{F}_2$ 也要产生仅与二次绕组匝链的漏磁通 $\dot{\Phi}_{2\sigma}$，这两个漏磁通分别在一、二次绕组中感应出漏电动势 $\dot{E}_{1\sigma}$ 和 $\dot{E}_{2\sigma}$，同理，可用漏阻抗压降形式来表示，即

$$\dot{E}_{1\sigma} = -\mathrm{j}\,\dot{I}_1 X_{1\sigma} \tag{1-28}$$

$$\dot{E}_{2\sigma} = -\mathrm{j}\,\dot{I}_2 X_{2\sigma} \tag{1-29}$$

二次电流 $\dot{I}_2$ 流过负载阻抗 Z_L 产生电压降二次电压 $\dot{U}_2$，故

$$\dot{U}_2 = \dot{I}_2 Z_L \tag{1-30}$$

2. 负载运行时的磁势平衡

　　变压器负载运行时各物理量参考方向如图 1-13 所示，从前面对变压器负载运行时电磁关系的分析可知，负载时作用于变压器磁路上的有 $\dot{F}_1 = \dot{I}_1 N_1$ 和 $\dot{F}_2 = \dot{I}_2 N_2$ 两个磁动势，根据图 1-13 所示的电流正方向和绕组绕向，作用于磁路上的合成磁动势为

$$\dot{F}_1 + \dot{F}_2 = \dot{F}_m \tag{1-31}$$

合成磁动势 $\dot{F}_m$ 产生了负载运行时的主磁通 $\dot{\Phi}_m$，在电源电压 $\dot{U}_1$ 不变的情况下，变压器由空载到满载，感应电动势 $\dot{E}_1$ 的变化甚微，铁心中的主磁通 $\dot{\Phi}_m$ 基本不变，铁心的饱和程度也基本不变。因此空载和负载时的励磁磁势基本相等，即 $\dot{F}_m = \dot{F}_0$。

式（1-31）还可写为

$$\dot{I}_1 N_1 + \dot{I}_2 N_2 = \dot{I}_m N_1 \tag{1-32}$$

两边同时除以 N_1，整理后得

$$\dot{I}_1 = \dot{I}_m + \left(-\frac{\dot{I}_2}{k} \right) = \dot{I}_m + \dot{I}_L \tag{1-33}$$

式中　$\dot{I}_L = -\dfrac{\dot{I}_2}{k}$。

从式（1-33）可以看出，当变压器带负载运行后，一次电流 $\dot{I}_1$ 可以看成由两个分量组成，其中一个分量是励磁电流分量 $\dot{I}_m$，它在铁心中建立起主磁通 $\dot{\Phi}_m$；另一分量是与负载电流方向相反的分量 $\dot{I}_L$，用来抵消负载电流 $\dot{I}_2$ 所产生的磁动势，以维持铁心中的主磁通不变，所以 $\dot{I}_L$ 又称为一次电流的负载分量。

由于在额定负载时，励磁电流分量 $\dot{I}_m$ 只占一次电流 $\dot{I}_1$ 很小的一部分，大概是一次额定电流 I_{1N} 的 $1\% \sim 5\%$，因此在分析变压器负载运行的许多问题时，都可以把励磁电流忽略不计，则有

$$\dot{I}_1 + \frac{1}{k} \dot{I}_2 \approx 0 \tag{1-34}$$

上式是表示一、二次绕组内电流关系的近似公式，同时说明了变压器一、二次电流大小与变压器一、二次绕组的匝数大致成反比。由此可见，变压器不仅能起到变换电压的作用，而且也能够起到变换电流的作用。

3. 负载运行时的电动势平衡

由图 1-13 所规定的各物理量正方向，利用基尔霍夫定律，可以分别列出负载运行时一、二次侧的电动势平衡方程式。

负载时一次侧的电动势平衡方程式与空载时基本相同：

$$\dot{U}_1 = -\dot{E}_1 + j\dot{I}_1 X_{1\sigma} + \dot{I}_1 R_1 = -\dot{E}_1 + \dot{I}_1 Z_1 \tag{1-35}$$

二次侧电动势平衡方程式为

$$\dot{U}_2 = \dot{E}_2 - \dot{I}_2 R_2 - \text{j} \dot{I}_2 X_{2\sigma} = \dot{E}_2 - \dot{I}_2 Z_2 \qquad (1\text{-}36)$$

式中　　R_2——二次绕组的电阻；

　　$X_{2\sigma}$——二次绕组的漏电抗；

　　Z_2——二次绕组的漏阻抗。

4. 绕组折算

通过上述分析得出了变压器稳态运行时的电动势和磁动势方程式，利用这些方程式便能对变压器各个参数进行定量计算。但是要直接运用这些公式去求解仍然是比较困难的，这主要是因为变压器一、二次绕组的匝数不同，使得一、二次侧各物理量的数值相差往往较大，给计算带来困难。因此，为了简化变压器的分析计算，需要进行绕组的折算，通常是把二次绕组折算到一次绕组。绕组折算的原则为在不改变一、二次绕组物理量之间的电磁关系的前提下进行折算。

下面介绍二次侧各物理量的折算方法：

（1）电动势和电压的折算。在折算前后，变压器一、二次绕组的磁动势基本都不变，则主磁通 $\dot{\boldsymbol{\Phi}}_\text{m}$ 也不会改变，因此，感应电动势的大小与绕组的匝数成正比，故有折算后的二次感应电动势为

$$\frac{E_2'}{E_2} = \frac{N_1}{N_2} = k \quad \Rightarrow \quad E_2' = kE_2 \qquad (1\text{-}37)$$

同理，二次侧其他电动势和电压也按同一比例折算，即

$$E_{2\sigma}' = kE_{2\sigma} \qquad U_2' = kU_2 \qquad (1\text{-}38)$$

（2）电流的折算。在将二次电流折算到一次侧时，应保持折算前后的磁动势不变，即 $I_2' N_1 = I_2 N_2$，所以折算后的电流为

$$I_2' = I_2 \frac{N_2}{N_1} = \frac{I_2}{k} \qquad (1\text{-}39)$$

（3）阻抗的折算。阻抗折算必须遵循有功功率和无功功率不变的原则。因此

$$I_2'^2 R_2' = I_2^2 R_2 \quad \Rightarrow \quad R_2' = R_2 \left(\frac{I_2}{I_2'}\right)^2 = k^2 R_2 \qquad (1\text{-}40)$$

同理 $\qquad\qquad I_2'^2 X_2' = I_2^2 X_2 \quad \Rightarrow \quad X_2' = X_2 \left(\frac{I_2}{I_2'}\right)^2 = k^2 X_2 \qquad (1\text{-}41)$

从上述各量的折算结果可见，二次绕组折算到一次绕组时，电动势和电压乘以 k，电流除以 k，阻抗乘以 k^2。

综合前面的分析结果，可得变压器负载运行时经过折算后的基本方程式为

$$\begin{cases} \dot{U}_1 = -\dot{E}_1 + \dot{I}_1 Z_1 \\ \dot{U}_2' = \dot{E}_2' - \dot{I}_1 Z_1 \\ \dot{I}_1 + \dot{I}_1' = \dot{I}_m \\ \dot{E}_1 = \dot{E}_2' \\ \dot{E}_1 = -\dot{I}_m Z_m \\ \dot{U}_2' = \dot{I}_2' Z_m' \end{cases} \qquad (1\text{-}42)$$

上面介绍的方法是将二次侧折算到一次侧，同理也可以把一次侧的物理量折算到二次侧。由式(1-42) 可以看出，折算后的方程中已没有电压比 k，计算比较简单，折算后也可以得到相应的变压器负载运行时的等效电路。

5. 负载运行时的等效电路和相量图

根据变压器折算后的负载方程式(1-42)，可以得出变压器的负载等效电路图，如图 1-14 所示，完全反映了变压器负载稳态运行状况。其中 R_2' 和 $X_{2\sigma}'$ 是折算到一次侧的二次绕组的电阻及漏电抗；Z_L' 是经过折算后的负载阻抗。R_1 和 R_2' 中的功率 $I_1^2 R_1$ 和 $I_2'^2 R_2'$ 分别反映一次绕组和二次绕组的铜耗；等效励磁电阻 R_m 中的功率 $I_2^2 R_m$ 反映变压器中的铁耗；$E_1 I_1 = E_2' I_2'$ 是一次侧通过电磁感应传送给二次侧的视在功率，它是体现变压器一、二次能量传递的一个枢纽，有着很重要的意义。根据这些关系再去看等效电路就可以很直观地理解其运行状态。

图 1-14 是一种最常见的变压器等效电路，又称为"T"形等效电路，虽然能正确反映变压器负载运行的情况，但是它同时含有串联和并联的支路，计算比较复杂，所以尝试简化等效电路。在电力变压器中，励磁阻抗 Z_m 要比一次绕组阻抗 Z_1 大得多，根据串、并联原理，可以将励磁支路移到 Z_1 的左边，这样简化后分析起来就会容易很多，而对 $\dot{I}_1$、$\dot{I}_2'$ 和 $\dot{E}_1$ 都不会引起太大的误差，这个电路称为

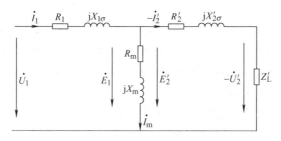

图 1-14　变压器 T 形等效电路

"Γ"形等效电路，如图 1-15 所示。

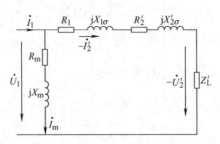

图 1-15　变压器 Γ 形等效电路

在分析变压器许多负载方面的问题，例如二次绕组的端电压变化、变压器并联运行的负载分配等，由于励磁电流 $\dot{I}_m$ 相对于额定电流较小，它对 Z_1 中的压降影响很小，因此在分析上述问题时常常可以把 $\dot{I}_m$ 忽略不计，从而将电路进一步简化为如图 1-16 所示的电路，称为简化等效电路，只有一个串联阻抗 Z_K，即

$$Z_K = R_K + jX_K \tag{1-43}$$

式中，$R_K = R_1 + R_2' = R_1 + k^2 R_2$；$X_K = X_{1\sigma} + X_{2\sigma}' = X_{1\sigma} + k^2 X_{2\sigma}$。

Z_K 为短路阻抗，R_K 为短路电阻，X_K 为短路电抗，可以在短路试验中求出。在采用图 1-16 所示的简化电路后，分析将十分简便，而所得结果的准确度也能满足工程上的要求。

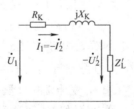

图 1-16　变压器简化等效电路

当需要在二次侧的电压基础上分析问题时，就应该用折算到二次侧的等效电路。一台变压器的阻抗，不论 Z_K 还是 Z_m，从高压边或低压边看进去数值都是不同的，因此若用欧姆值来说明阻抗的大小，必须说明它是折算到哪一边的数值，或是在哪个电压基础上。如果高压相对低压的电压比是 k，那么从高压边看进去的阻抗值是从低压边看的 k^2 倍。

总的来说，折算法和等效电路法都是很重要的电路分析方法，它是分析不同绕组之间通过电磁感应来传递能量时的相互关系的常用方法，不仅用来分析变压器的问题，也可以用于其他电机的分析中。

按式(1-42) 和图 1-14，就可以画出变压器负载运行时的相量图（见图 1-17）。假设给定条件是 $\dot{U}_2$、$\dot{I}_2$、$\cos\varphi_2$ 及变压器的参数 R_1、X_1、R_2'、X_2'、R_m 和 X_m，画图的步骤是：

1）根据电压比 k 求出 U_2' 和 I_2'，然后按比例画出相量 $\dot{U}_2'$ 和 $\dot{I}_2'$，以及他们的夹角 φ_2。

2）在相量 $\dot{U}_2'$ 上加上漏阻抗压降 $\dot{I}_2'R_2'$ 和 $\mathrm{j}\dot{I}_2'X_2'$，就可以得到感应电动势 $\dot{E}_2'$，$\dot{E}_1 = \dot{E}_2'$，主磁通 $\dot{\Phi}_m$ 超前 $\dot{E}_1$ 90°。

3）励磁电流 $\dot{I}_0$ 的大小为 $\dfrac{E_1}{Z_m} = \dfrac{E_1}{\sqrt{R_m^2 + X_m^2}}$，相位落后于 $-E_1$ 一个角度 $\alpha = \arctan \dfrac{X_m}{R_m}$。

4）有了 $\dot{I}_0$ 和 $\dot{I}_2'$ 后，即可得到 $\dot{I}_1$ 的相量。

5）在 $-E_1$ 上加上一次绕组的漏阻抗压降 $\dot{I}_1R_1$ 和 $\mathrm{j}\dot{I}_1X_1$，就可以得到一次端电压 $\dot{U}_1$，$\dot{I}_1$ 与 $\dot{U}_1$ 之间的夹角 φ_1 是一次侧的输入功率因数角。

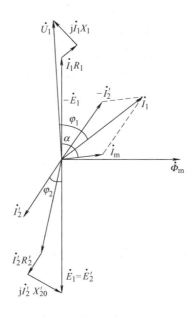

图 1-17　变压器负载运行相量图

1.6 配电变压器的基本参数

1. 额定电压

指变压器长期运行时所能承受的额定电压，用 U_N 表示，单位为 kV 或 V。通常

U_{1N} 表示规定加到一次侧的电压；

U_{2N} 表示变压器一次侧加额定电压时，二次侧空载时的二次端电压。

对三相变压器来说，铭牌上的额定电压指线电压。

额定电压有一定的电压等级，国家标准规定的三相交流电网和用电设备的标准电压等级如下（单位为 kV）：

0.22kV，0.38kV，3kV，6kV，10kV，35kV，63kV，110kV，220kV，300kV，500kV，750kV，1000kV

上述数字表示电网电压的常用电压等级，是电网受电端的电压，电源端的电压值比这些数值高。变压器接受功率一侧的绕组为一次绕组，输出功率的一侧为二次绕组，一次绕组的作用相当于用电设备，其额定电压与电网的额定电压相等。若直接与发电机相连时（如升压变压器），其一次额定电压与发电机的额定电压相等，二次绕组相当于电源设备，其额定电压规定要比电网的额定电压高 10%。如果变压器的短路电压（阻抗电压）百分数小于 7% 或变压器直接与用户相连（包括通过短距离线路与用户相连）时，则规定比电网额定电压高 5%。

2. 额定电流

指在额定容量和允许温升条件下，变压器允许长期通过的电流，用 I_N 表示，单位 kA 或 A。

I_{1N} 表示一次绕组电流；

I_{2N} 表示二次绕组电流。

对三相变压器来说，铭牌上的额定电流指线电流。

3. 额定容量

铭牌规定的在额定条件下所能输出的视在功率，用 S_N 表示，单位为 kVA 或 VA。对三相变压器指三相总容量。

对单相变压器

$$S_N = U_{1N}I_{1N}, \quad S_N = U_{2N}I_{2N} \tag{1-44}$$

对三相变压器，额定容量指三相的总容量

$$S_N = \sqrt{3}\,U_{1N}I_{1N}, \quad S_N = \sqrt{3}\,U_{2N}I_{2N} \tag{1-45}$$

为了生产和使用的方便，对配电变压器的额定容量也规定了一系列标准的容量等级。我国所用的标准容量等级如下（单位为 kVA）：

10kVA，20kVA，30kVA，40kVA，50kVA，63kVA，80kVA，100kVA，125kVA，160kVA，200kVA，250kVA，315kVA，400kVA，500kVA，630kVA，800kVA，1000kVA，1250kVA，1600kVA，2000kVA，2500kVA，3150kVA，6300kVA（后级近似为前级的 $\sqrt[10]{10}$ 倍）

已知某一配电变压器的额定容量和一、二次绕组的额定电压，就可以计算出一、二次绕组的额定电流。例如一台三相双绕组变压器，额定容量 $S_N =$ 100kVA，一、二次绕组额定电压 $U_{1N}/U_{2N} = 6/0.4\text{kV}$，于是，一、二次绕组的额定电流为

$$\begin{cases} I_{1N} = \dfrac{S_N}{\sqrt{3}\,U_{1N}} = \dfrac{100 \times 10^3}{\sqrt{3} \times 6000}\text{A} = 9.63\text{A} \\[3mm] I_{2N} = \dfrac{S_N}{\sqrt{3}\,U_{2N}} = \dfrac{100 \times 10^3}{\sqrt{3} \times 400}\text{A} = 144\text{A} \end{cases} \tag{1-46}$$

4. 额定频率

变压器设计时所规定的运行频率，用 f_N 表示，单位赫兹（Hz）。我国规定额定频率为 50Hz。

5. 空载损耗

当用额定电压施加于变压器的一个绕组上，而其余的绕组均为开路时，变压器所吸收的有功功率叫空载损耗，用 P_0 表示，单位为 W 或 kW。空载损耗又叫变压器的铁损，是指发生于变压器铁心叠片内，周期性变化的磁力线通过材料时，由材料的磁滞和涡流现象所引起的损耗，其大小与运行电压和分接头电压有关，与负载无关。

6. 空载电流

在所有二次绕组开路的情况下，在一次绕组施加额定电压，通过一次绕组的

电流称为空载电流，用 I_0 表示，单位为 A。通常用空载电流占额定电流的百分数表示，即 $I_0\% = (I_0/I_N) \times 100\%$ 空载电流大小取决于变压器容量、铁心的构造和制造工艺、硅钢片的质量等。

7. 负载损耗

将二次绕组短路，在一次绕组慢慢升高额定频率的电压，当流过二次绕组的电流为额定电流时，变压器所消耗的有功功率，称为额定负载损耗，用 P_K 表示，单位为 W 或 kW。负载损耗与负载大小有关，即与绕组出线端子的电流有关，负载损耗 P_k 与额定负载损耗 P_K 之间的关系为

$$P_k = \beta^2 P_K \tag{1-47}$$

式中 β ——负载率，$\beta = I_2/I_{2N}$。

当变压器带额定负载时，负载电流 $I_2 = I_{2N}$，此时 $\beta = 1$，负载损耗与额定负载损耗在数值上相等。

8. 阻抗电压

把变压器的二次绕组短路，在一次绕组慢慢升高额定频率的电压，当二次绕组的短路电流等于额定值时，此时一次侧所施加的电压，称为阻抗电压 U_K，单位为 V。一般以额定电压的百分数表示，即 $U_K\% = (U_K/U_N) \times 100\%$。

9. 联结组标号

根据变压器一、二次绕组的相位关系，把变压器绕组连接成各种不同的组合，称为绕组的联结组。为了区别不同的联结组，常采用时钟表示法，即把高压侧线电压的相量作为时钟的长针，固定在 12 上，低压侧线电压的相量作为时钟的短针，看短针指在哪一个数字上，就作为该联结组的标号。它不仅与绕组的极性（绕法）和首末端的标志有关，而且与绕组的联结方式有关。大写字母表示一次侧的接线方式，小写字母表示二次侧的接线方式。Y（或 y）为星形联结，D（或 d）为三角形联结。数字采用时钟表示法，用来表示一、二次线电压的相位关系，一次线电压相量作为分针，固定指在时钟 12 点的位置，二次线电压相量作为时针。下面以 Y，y 和 Y，d 两种接法为例分析其联结组标号。

（1）Yy 联结。图 1-18 为 Yy 联结时的图，三相变压器铁心油三个铁心柱，当各相的高低压绕组同心柱时，根据高、低压绕组的首端是同极性端还是非同极性

端，可画出其相量图，从线电动势 $\dot{E}_{AB}$ 与 $\dot{E}_{ab}$ 的相位关系，可得到 Yy12 和 Yy6 两种联结组，如图 1-18a、b 所示。如果同一相的高低压绕组不在同一铁心柱上，则联结组将发生变化，如图 1-18c 的联结组为 Yy4。

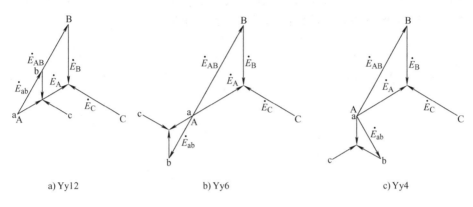

a) Yy12   b) Yy6   c) Yy4

图 1-18 Yy 联结组

（2）Yd 联结。图 1-19 为 Yd 时的联结图。各相绕组同铁心柱，当高低压绕组以同极性端为首端时，根据△的联结顺序，通过相量图可得出其联结组为 Yd11 或 Yd1，如图 1-19a、b，当高低压绕组以非同极性端为首端时，联结组为 Yd5，如图 1-19c 所示。

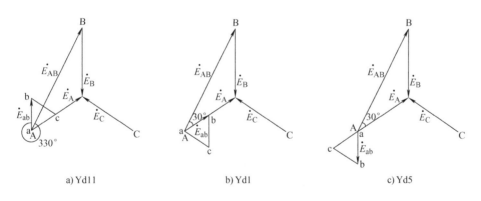

a) Yd11   b) Yd1   c) Yd5

图 1-19 Yd 联结组

在作相量图判断变压器联结组时应注意以下几点：

1）高低压绕组的相电动势均从首端指向末端，线电动势 $\dot{E}_{AB}$ 从 A 指向 B。

2）同一铁心柱上的绕组，在联结图中为左右对应的绕组，首端为同极性时相电动势相位相同，首端为异极性时相电动势相位相反。

3）相量图中 A、B、C 与 a、b、c 的排列顺序必须同为顺时针排列。

4）为了便于判断或计算 $\dot{E}_{AB}$ 与 $\dot{E}_{ab}$ 的相位差，在相量图中应将 A 和 a 放在一起。

采用 YY 和 Dy 联结可获得所有偶数联结组别；采用 Yd 和 Dd 可以获得所有奇数联结组别。因此三相变压器共有 24 个不同的联结组别。

第2章
配电变压器非侵入式在线检测

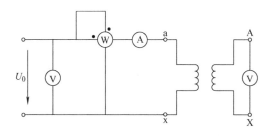

本章主要包括两部分内容：①配电变压器离线检测与在线检测原理及特点；②理解侵入式与非侵入式两种检测方式的概念。

2.1 离线检测和在线检测

2.1.1 离线检测

离线检测需要将变压器停电，通过空载试验和短路试验检测出相关参数。

1. 空载试验

空载试验可以得到变压器空载损耗、空载电流以及相关励磁参数。

图 2-1 为单相变压器空载试验的接线图，以升压变压器为例。试验时二次侧开路，一次侧接额定频率的交流电压，电压幅值从 $1.2U_{2N}$ 往下调，通过表计读出一次侧的开路电压 U_0、空载电流 I_0 以及空载输入功率 p_0。

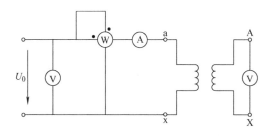

图 2-1　单相变压器空载试验接线图

当二次电压达到额定值 U_{2N} 时，一、二次感应电动势也都达到额定值，铁心里的磁通密度及铁耗也是额定数值。此时一次绕组中的电流即为空载电流，由于空载电流数值很小，约为额定电流的 2% ~ 5%，产生的铜耗也很小，可以忽略不计，故可以认为变压器空载输入功率 p_0 即为铁心的损耗，即空载损耗（铁耗）。

空载阻抗为

$$Z_0 = Z_2 + Z_m = \frac{U_0}{I_0} \tag{2-1}$$

式中 Z_2——二次绕组等效阻抗，远小于励磁阻抗 Z_m，可近似认为

$$Z_0 = Z_m = R_m + jX_m$$

励磁电阻为

$$R_m \approx R_0 = \frac{p_0}{I_0^2} \tag{2-2}$$

励磁电抗为

$$X_m \approx X_0 = \sqrt{Z_0^2 - R_0^2} \tag{2-3}$$

励磁阻抗 Z_m 与磁路的饱和程度有关，不同电压下的数值是不同的。上述数据是在低压侧得到的，励磁阻抗折算到高压侧需乘以 k^2。

此外通过空载试验还可以验证变压器铁心的设计计算、工艺制造是否满足技术条件和标准的要求；检查变压器铁心是否存在缺陷，如局部过热、局部绝缘不良等。

2. 短路试验

短路试验可以得到变压器的短路阻抗、短路损耗以及相关绕组参数。

图 2-2 为单相变压器短路试验的线路图，以升压变压器为例。试验时一次侧短路，二次侧接额定频率的交流电压，电压幅值从零逐步增加，直到一次绕组电流达到额定值为止，通过表计读取短路电流 I_K，对应的电压 U_K 以及输入功率 p_K。

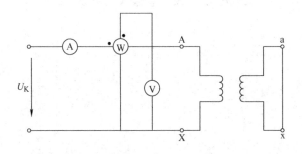

图 2-2 单相变压器短路试验接线图

短路试验时，随着一次电压不断增加，电流也随之增加，当一次电流达到额定值时，二次绕组中的电流也达到额定值，此时一次端电压即为变压器的阻抗电压 U_K。由于短路试验中一次端电压数值很小，所以铁心中主磁通也很小，故可以完全忽略励磁电流与铁耗，这时输入的功率就是绕组的铜耗。

短路阻抗为

$$Z_K = \frac{U_K}{I_K} \tag{2-4}$$

绕组电阻为

$$R_K = \frac{p_K}{I_{1N}^2} \tag{2-5}$$

绕组漏抗为

$$X_K = \sqrt{Z_K^2 - R_K^2} \tag{2-6}$$

根据国家标准规定，在计算变压器性能时，绕组电阻应换算到75℃下的数值，即

$$R_{K75} = \frac{234.5 + 75}{234.5 + T} R_{KT} \tag{2-7}$$

式中 T——进行试验时的温度；

R_{KT}——T 温度下的短路电阻。

对于铝线变压器，将式（2-7）中的常数234.5改为228。

对于三相变压器，同样可以用空载试验和短路试验测试其参数。空载试验时，低压侧加三相对称电压，高压侧开路；短路试验时，高压侧逐渐加电压，低压侧短路。测得的电压、电流都是线电压和线电流，测得的功率损耗也是三相之和。由于变压器的参数是一相的参数，等效电路也都是指一相的等效电路，所以对于三相变压器，要根据绕组接法先由测得的线电压、线电流求出相电压、相电流，并将测得的功率除以3得到每相的损耗功率，然后就可以利用单相变压器的公式来求参数了。同样，如果需要的是从高压侧看入的参数，那么需将在低压侧做空载试验求得的励磁参数乘以 k^2（k 为变压器电压比）。

2.1.2 在线检测

在线检测即在不停电运行下测量出变压器相关参数。

图2-3为单相配电变压器在线检测数据采集系统。通过电压和电流互感器在线采集配电变压器正常运行时一、二次电压和电流数据，再将这些实时数据做相应的处理，即可计算出该变压器的相关参数，包括短路阻抗、空载电流、空载损耗、负载损耗、无功损耗以及额定容量。

图2-4给出了一次侧电压互感器（Y联结）和一次侧电流互感器（Y联结）示意图。实际操作过程中根据测量需要安装电压和电流互感器，读出相应的电压、电流值。

转换成电压和电流的有效值分别按式（2-8）及式（2-9）进行计算，即

图 2-3 单相配电变压器在线检测示意图

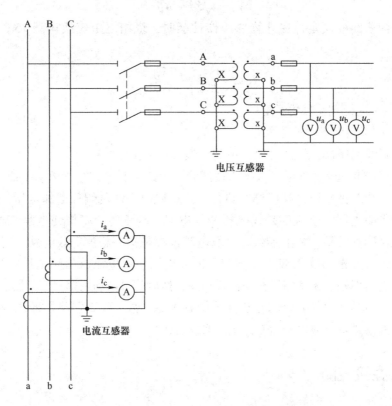

图 2-4 变压器高压侧电压、电流数据采集示意图

$$
\begin{cases}
U_{\mathrm{A}} = \sqrt{\dfrac{1}{T}\displaystyle\int_0^T u_{\mathrm{A}}^2\,\mathrm{d}t} \\[3mm]
U_{\mathrm{B}} = \sqrt{\dfrac{1}{T}\displaystyle\int_0^T u_{\mathrm{B}}^2\,\mathrm{d}t} \\[3mm]
U_{\mathrm{C}} = \sqrt{\dfrac{1}{T}\displaystyle\int_0^T u_{\mathrm{C}}^2\,\mathrm{d}t}
\end{cases}
\qquad
\begin{cases}
U_{\mathrm{a}} = \sqrt{\dfrac{1}{T}\displaystyle\int_0^T u_{\mathrm{a}}^2\,\mathrm{d}t} \\[3mm]
U_{\mathrm{b}} = \sqrt{\dfrac{1}{T}\displaystyle\int_0^T u_{\mathrm{b}}^2\,\mathrm{d}t} \\[3mm]
U_{\mathrm{c}} = \sqrt{\dfrac{1}{T}\displaystyle\int_0^T u_{\mathrm{c}}^2\,\mathrm{d}t}
\end{cases}
\tag{2-8}
$$

$$\begin{cases} I_{A} = \sqrt{\dfrac{1}{T}\displaystyle\int_{0}^{T} i_{A}^{2}\mathrm{d}t} \\[2mm] I_{B} = \sqrt{\dfrac{1}{T}\displaystyle\int_{0}^{T} i_{B}^{2}\mathrm{d}t} \\[2mm] I_{C} = \sqrt{\dfrac{1}{T}\displaystyle\int_{0}^{T} i_{C}^{2}\mathrm{d}t} \end{cases} \qquad \begin{cases} I_{a} = \sqrt{\dfrac{1}{T}\displaystyle\int_{0}^{T} i_{a}^{2}\mathrm{d}t} \\[2mm] I_{b} = \sqrt{\dfrac{1}{T}\displaystyle\int_{0}^{T} i_{b}^{2}\mathrm{d}t} \\[2mm] I_{c} = \sqrt{\dfrac{1}{T}\displaystyle\int_{0}^{T} i_{c}^{2}\mathrm{d}t} \end{cases} \qquad (2\text{-}9)$$

在线检测与离线检测的对比见表2-1。

表2-1 在线检测与离线检测的对比

	在线检测	离线检测
定义	不断电测量输入和输出电压及电流数据，通过数据处理得到相关变压器参数	变压器停运，做空载试验和短路试验，得到相关参数
条件	带载运行	断电停运
精度	可控	较高
成本	低	高

综上所述，离线检测变压器参数虽然具有较高的精度，但是缺点也很明显，经济成本高，需要断电检测。而在线检测的条件就很宽松，在变压器正常运行过程中即可实现参数检测，精度可控，成本低。所以变压器的在线检测已经逐渐成为目前的主流检测方法。

2.2 侵入式检测和非侵入式检测

最初的侵入式和非侵入式的概念是针对代码的。所谓侵入式设计，就是设计者将框架功能"推"给客户端；而非侵入式设计，则是设计者将客户端的功能"拿"到框架中用。侵入式设计有时候表现为客户端需要继承框架中的类，而非侵入式设计则表现为客户端实现框架提供的接口。侵入式设计带来的最大缺陷是，当决定重构代码时，发现之前写过的代码只能扔掉。而非侵入式设计则不然，之前写过的代码仍有价值。

目前针对电力负荷的非侵入式检测日趋完善。电力负荷的非侵入式能耗监测是开展节能工作的基础，加强能耗监测尤其是电力能耗的监测工作对提高我国能源利用效率，实现能源的可持续发展非常必要。

对于电气设备的检测，非侵入式思想同样适用。以配电变压器为例，非侵入式检测其核心思想就是无需进入设备内部，仅通过对配电变压器入口和出口处的数据信息进行采集、分析即可实现对配电变压器运行状态的监测以及技术参数的检测。如图 2-5 所示，将测量装置安装在电气设备的出入口，不影响电气设备内部的正常运行，不破坏电气设备原有的结构，既方便又经济。

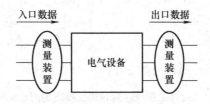

图 2-5　非侵入式检测

而侵入式检测是指进入电气设备内部进行检测，有的情况还会要求电气设备运行在特定的状态，对电气设备的正常运行有着非常不利的影响。如图 2-6 所示，在电气设备内部不同位置装设多个测量装置对设备本身会产生很大的影响，同时也会消耗巨大的成本。

图 2-6　侵入式检测

第3章
配电变压器短路阻抗的在线检测

本章包括两个方面内容：①配电变压器短路阻抗的计算；②配电变压器短路阻抗的在线检测方法。

3.1 短路阻抗计算

本节包括短路阻抗的定义以及短路电阻、短路电抗的计算。

3.1.1 定义

配电变压器的短路阻抗，是指在额定频率和参考温度下，一对绕组中、某一绕组的端子之间的等效串联阻抗 $Z_K = R_K + jX_K$。由于它的值除计算之外，还要通过负载试验来确定，所以习惯上又把它称为短路电压或阻抗电压。短路阻抗是变压器性能指标中很重要的参数之一，其出厂时的实测值与规定值之间的偏差通常要求很严格。

短路阻抗表明该变压器内阻抗的大小，对于双绕组变压器来说，二次侧短路、一次侧施加一个电压，待一次电流达到额定值时，一次侧所施加的电压即为该变压器的阻抗电压或短路电压，以额定电压的百分数表示，即 $U_K\% = (U_K/U_{1N}) \times 100\%$。

变压器的短路电压百分比是计算短路电流的依据，它表明变压器在满载（额定负载）运行时本身的阻抗压降大小。当变压器满载运行时，短路阻抗的高低对二次侧输出电压的高低有一定的影响（变压器输出外特性），同时也对变压器的抗短路能力有着直接的关系，其数值不能太大也不宜太小。短路阻抗过大，变压器抗短路能力强，短路电流小，电压大，输出特性软；短路阻抗过小，变压器抗短路能力差，短路电流大，电压小，输出特性硬。

配电变压器短路阻抗百分数一般在 4% ~ 10% 之间，见表3-1。

表3-1 6kV、10kV 变 0.4kV 级三相双绕组无励磁调压配电变压器短路阻抗情况

额定容量/(kVA)	短路阻抗百分数（%）
30 ~ 500	4.0
630 ~ 1600	4.5
2000 ~ 2500	5.0

短路阻抗与额定容量之间的关系为

$$U_K(\%) = (U_K/U_N) \times 100\%$$
$$= (Z_K/Z_N) \times 100\%$$
$$= Z_K/(U_N/\sqrt{3}I_N)$$
$$= Z_K S_N/U_N^2 \qquad (3\text{-}1)$$

式中　S_N——变压器额定容量；

　　　Z_K——变压器短路阻抗；

　　　U_N——变压器额定电压；

　　　I_N——变压器额定电流。

由式(3-1)可以看出，在国标规定的短路阻抗百分数下，变压器短路阻抗与额定容量成反比，也就是说大容量的变压器需要更低的短路阻抗值来满足其性能要求。

3.1.2　短路阻抗的计算

短路阻抗包括短路电阻 R_K 和短路电抗 X_K。分别计算出短路电阻 R_K 和短路电抗 X_K 的值，即可得到变压器短路阻抗的值 $Z_K = \sqrt{R_K^2 + X_K^2}$。

1. 短路电阻的计算

变压器短路电阻 R_K 为一次绕组电阻 R_1 与二次绕组电阻归算值 R_2' 之和。即 $R_K = R_1 + R_2'$。

两个绕组的电阻可用下式计算，即

$$R = \rho \frac{N l_{av}}{S_1} \qquad (3\text{-}2)$$

式中　ρ——电阻率，20℃下，铜线取 $1.75 \times 10^{-8}\Omega \cdot m$，铝线取 $2.83 \times 10^{-8}\Omega \cdot m$。

　　　N——绕组匝数；

　　　l_{av}——绕组平均匝长；

　　　S_1——导线截面积。

导线材料的电阻率随温度的变化而变化，所以绕组的电阻值也随温度的变化而改变。在工业标准中规定一般取75℃下的电阻值为标准计算，所以上述公式计算出的电阻值需要折算到75℃下的值，折算公式这里不再列举。另外为了考虑附加损耗，所得结果一般再加上 5%~15%，一般额定容量越大的变压器，其附加损耗值也越大。

2. 短路电抗的计算

变压器的短路电抗是指两绕组之间的漏磁通所产生的电抗，根据下面的基本公式

$$x = \omega L = 2\pi f L \tag{3-3}$$

式中　L——该磁通所产生的电感，它是每安培电流所产生的磁链，即

$$L = \frac{\Psi}{i} = \frac{N\Phi}{i} \tag{3-4}$$

计算电感须计算每安所产生的磁链，而磁通决定于磁动势 F 及磁路的磁阻 R 或磁导 Λ，即

$$\Phi = \frac{F}{R} = F\Lambda = Ni\Lambda \tag{3-5}$$

根据式(3-3)~式(3-5)，整理可得电抗计算公式为

$$x = \omega L = \omega N^2 \Lambda = 2\pi f N^2 \Lambda \tag{3-6}$$

因此计算电抗归结为计算有关磁通的磁回路的磁导。

绕组间漏磁场的分布如图 3-1 所示，计算时，可忽略励磁电流，故 $I_1 = I'_2$。两绕组的磁动势大小相等而方向相反。图中所示漏磁通一部分匝链着一次绕组，一部分匝链着二次绕组。在计算时只需要把二次绕组的匝数也看成和一次绕组的匝数 N_1 一样就可以了，没有必要去区别漏磁通实际匝链着哪一个绕组，只要计算匝链着 N_1 匝的总磁链和由它所产生的总电抗，算出来的电抗就是 x_k。

从图 3-1 中可以看出，漏磁通主要通过两绕组之间的间隙，这些磁通匝链着全部的匝数 N_1；另外有一部分磁通通过两个绕组的截面，这些磁通只匝链着绕组的一部分匝数，只产生部分磁链。计算漏抗时要确定这样一个磁路的等效是很困难的，需要做一些近似的假设，使磁场分布比较规律化，以便于计算。在图 3-1 所示的简化漏磁场分布图中，假定在绕组高度范围内磁力线都是直线，并平行于绕组的轴线，磁力线通过这段距离时有一定的磁阻。这一段磁路在空间形成圆筒形，圆筒的平均直径等于一、二次绕组的平均直径 D，厚度等于两绕组的厚度（$\delta_1 + \delta_2$）加上绕组间的间隙 δ，它的高度等于绕组的轴向高度 h。这一段磁路的磁阻和它的圆周长与等效厚度的乘积成反比，而和它的高度成正比。在绕组间隙的外面，磁力线或是通过铁心作为回路，或是通过绕组外面较宽的地带作为回路。在计算时，假定这一段距离的磁阻很小，可以忽略，或者把它们的影响考虑在绕组内部那段磁阻内，适当地增大绕组的计算高度。在这些假定之下，可以计算出漏磁通的总磁导为

$$\Lambda = \mu_0 \frac{\pi D}{h'} \left[\delta + \frac{1}{3}(\delta_1 + \delta_2) \right] \tag{3-7}$$

式中 μ_0——空气的磁导率;

h'——绕组的计算高度(考虑了绕组外面一段磁路的影响)。

系数 1/3 是考虑了通过绕组截面的那部分磁通没有匝链着全部绕组匝数的影响,最后得到总电抗为

$$x_k = 2\pi f N_1^2 \mu_0 \frac{\pi D}{h'}\left[\delta + \frac{1}{3}(\delta_1 + \delta_2)\right] \tag{3-8}$$

式中,$\mu_0 = 4\pi \times 10^{-7}\,\mathrm{N/A^2}$。

从式(3-8)可以看出影响 x_k 的因素,它和匝数的二次方、绕组的直径及等效厚度成正比,和绕组的等效高度成反比。

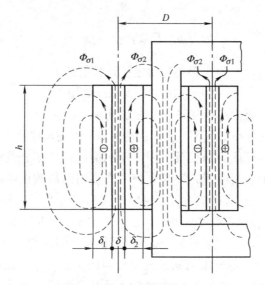

图 3-1 绕组间漏磁场分布

3.2 短路阻抗的在线检测

本节介绍两种短路阻抗的检测方法:向量矩阵法和数据拟合法。

3.2.1 向量矩阵法

向量矩阵法是依据变压器等效电路图建立电气方程,通过分解相量列矩阵来求解出配电变压器短路阻抗的方法。

以单相双绕组变压器为例,其等效电路模型如图 3-2 所示。

图 3-2 中,一次绕组的阻抗 $Z_1 = R_1 + jX_{1\sigma}$,二次绕组的阻抗在一次侧的归算值

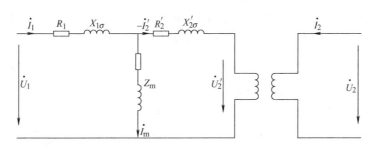

图 3-2　单相双绕组变压器等效电路模型

$Z_2' = R_2' + jX_{2\sigma}'$，$Z_m$ 为励磁阻抗，$\dot{U}_1$、$\dot{I}_1$ 为一次电压和电流值，$\dot{U}_2$、$\dot{I}_2$ 为二次电压和电流值，$\dot{U}_2'$、$\dot{I}_2'$ 为二次电压和电流在一次侧的归算值，$\dot{I}_m$ 为励磁电流，k 为变电压比。

由等效电路模型可列等式为

$$\dot{U}_1 - \dot{U}_2' = \dot{I}_1 Z_1 + \dot{I}_2' Z_2' \tag{3-9}$$

根据变压器一、二次比例关系

$$\dot{I}_2' = \frac{\dot{I}_2}{k} \qquad \dot{U}_2' = k\dot{U}_2 \tag{3-10}$$

可得

$$\frac{\dot{U}_1 - k\dot{U}_2}{\dot{I}_1} = Z_1 + \frac{\dot{I}_2}{k\dot{I}_1}Z_2' \tag{3-11}$$

其中 $Z_1 = R_1 + jX_{1\sigma}$，$Z_2' = R_2' + jX_{2\sigma}'$，同理将相量 $\dfrac{\dot{U}_1 - k\dot{U}_2}{\dot{I}_1}$ 与 $\dfrac{\dot{I}_2}{k\dot{I}_1}$ 同样分解成复数形式

$$\frac{\dot{U}_1 - k\dot{U}_2}{\dot{I}_1} = c + jd \qquad\qquad \frac{\dot{I}_2}{k\dot{I}_1} = a + jb \tag{3-12}$$

式(3-11) 可变为

$$\begin{aligned}
c + jd &= R_1 + jX_{1\sigma} + (a + jb)(R_2' + jX_{2\sigma}') \\
&= R_1 + aR_2' - bX_{2\sigma}' + j(X_{1\sigma} + aX_{2\sigma}' + bR_2')
\end{aligned} \tag{3-13}$$

其中

$$\begin{cases} c = R_1 + aR_2' - bX_{2\sigma}' \\ d = X_{1\sigma} + aX_{2\sigma}' + bR_2' \end{cases} \tag{3-14}$$

采集变压器一、二次电压和电流相量值 $\dot{U}_1$、$\dot{I}_1$、$\dot{U}_2$、$\dot{I}_2$，可求得 a、b、c、d。式(3-14) 两个方程中都包含三个未知数，所以至少需要测量三次不同负载情况下待测变压器的一次电压 $\dot{U}_{1i}$、一次电流 $\dot{I}_{1i}$、二次电压 $\dot{U}_{2i}$、二次电流 $\dot{I}_{2i}$，得到 a_i、b_i、c_i、d_i，其中 $i=1$，2，3。

将三组数据代入式(3-14) 并表示成矩阵形式为

$$\begin{pmatrix} c_1 \\ c_2 \\ c_3 \end{pmatrix} = \begin{pmatrix} 1 & a_1 & -b_1 \\ 1 & a_2 & -b_2 \\ 1 & a_3 & -b_3 \end{pmatrix}\begin{pmatrix} R_1 \\ R_2' \\ X_{2\sigma}' \end{pmatrix} \qquad \begin{pmatrix} d_1 \\ d_2 \\ d_3 \end{pmatrix} = \begin{pmatrix} 1 & a_1 & b_1 \\ 1 & a_2 & b_2 \\ 1 & a_3 & b_3 \end{pmatrix}\begin{pmatrix} X_{1\sigma} \\ X_{2\sigma}' \\ R_2' \end{pmatrix} \qquad (3\text{-}15)$$

由此可以解出 R_1、$X_{1\sigma}$、R_2'、$X_{2\sigma}'$，则变压器的短路阻抗 $Z_K = \sqrt{(R_1 + R_2')^2 + (X_{1\sigma} + X_{2\sigma}')^2}$。

同理，对于三相变压器来说需要测量出每一相的电压和电流值，分别计算出 a_{Ai}、b_{Ai}、c_{Ai}、d_{Ai}，a_{Bi}、b_{Bi}、c_{Bi}、d_{Bi}，a_{Ci}、b_{Ci}、c_{Ci}、d_{Ci} （$i=1$，2，3）。

由式(3-15) 有

$$\begin{pmatrix} c_{A1} \\ c_{A2} \\ c_{A3} \end{pmatrix} = \begin{pmatrix} 1 & a_{A1} & -b_{A1} \\ 1 & a_{A2} & -b_{A2} \\ 1 & a_{A3} & -b_{A3} \end{pmatrix}\begin{pmatrix} R_A \\ R_a' \\ X_a' \end{pmatrix} \qquad \begin{pmatrix} d_{A1} \\ d_{A2} \\ d_{A3} \end{pmatrix} = \begin{pmatrix} 1 & a_{A1} & b_{A1} \\ 1 & a_{A2} & b_{A2} \\ 1 & a_{A3} & b_{A3} \end{pmatrix}\begin{pmatrix} X_A \\ X_a' \\ R_a' \end{pmatrix} \qquad (3\text{-}16)$$

$$\begin{pmatrix} c_{B1} \\ c_{B2} \\ c_{B3} \end{pmatrix} = \begin{pmatrix} 1 & a_{B1} & -b_{B1} \\ 1 & a_{B2} & -b_{B2} \\ 1 & a_{B3} & -b_{B3} \end{pmatrix}\begin{pmatrix} R_B \\ R_b' \\ X_b' \end{pmatrix} \qquad \begin{pmatrix} d_{B1} \\ d_{B2} \\ d_{B3} \end{pmatrix} = \begin{pmatrix} 1 & a_{B1} & b_{B1} \\ 1 & a_{B2} & b_{B2} \\ 1 & a_{B3} & b_{B3} \end{pmatrix}\begin{pmatrix} X_B \\ X_b' \\ R_b' \end{pmatrix} \qquad (3\text{-}17)$$

$$\begin{pmatrix} c_{C1} \\ c_{C2} \\ c_{C3} \end{pmatrix} = \begin{pmatrix} 1 & a_{C1} & -b_{C1} \\ 1 & a_{C2} & -b_{C2} \\ 1 & a_{C3} & -b_{C3} \end{pmatrix}\begin{pmatrix} R_C \\ R_c' \\ X_c' \end{pmatrix} \qquad \begin{pmatrix} d_{C1} \\ d_{C2} \\ d_{C3} \end{pmatrix} = \begin{pmatrix} 1 & a_{C1} & b_{C1} \\ 1 & a_{C2} & b_{C2} \\ 1 & a_{C3} & b_{C3} \end{pmatrix}\begin{pmatrix} X_C \\ X_c' \\ R_c' \end{pmatrix} \qquad (3\text{-}18)$$

式中，$Z_A = R_A + jX_A$ 为 A 相绕组一次阻抗，$Z_a' = R_a' + jX_a'$ 为 A 相绕组二次阻抗在一次侧的归算值；

$Z_B = R_B + jX_B$ 为 B 相绕组一次阻抗，$Z_a' = R_a' + jX_a'$ 为 B 相绕组二次阻抗在一次侧的归算值；

$Z_C = R_C + jX_C$ 为 C 相绕组一次阻抗，$Z_a' = R_a' + jX_a'$ 为 C 相绕组二次阻抗在一次侧的归算值；

由式(3-16) ~ 式(3-18) 可分别求出 R_A、X_A、R_a'、X_a'；R_B、X_B、R_b'、X_b'；R_C、X_C、R_c'、X_c'。进而求得各相的短路电阻为

$$A \text{ 相}: R_{AK} = R_A + R'_a$$
$$B \text{ 相}: R_{BK} = R_B + R'_b \qquad (3\text{-}19)$$
$$C \text{ 相}: R_{CK} = R_C + R'_c$$

各相的短路电抗为

$$A \text{ 相}: X_{AK} = X_A + X'_a$$
$$B \text{ 相}: X_{BK} = X_B + X'_b \qquad (3\text{-}20)$$
$$C \text{ 相}: X_{CK} = X_C + X'_c$$

各相的短路阻抗为

$$A \text{ 相}: Z_{AK} = \sqrt{R_{AK}^2 + X_{AK}^2}$$
$$B \text{ 相}: Z_{BK} = \sqrt{R_{BK}^2 + X_{BK}^2} \qquad (3\text{-}21)$$
$$C \text{ 相}: Z_{CK} = \sqrt{R_{CK}^2 + X_{CK}^2}$$

取三者的平均值即为变压器的短路阻抗

$$Z_K = \frac{Z_{AK} + Z_{BK} + Z_{CK}}{3} \qquad (3\text{-}22)$$

3.2.2 数据拟合法

还是以单相双绕组变压器为例，其等效电路模型如图 3-3 所示。

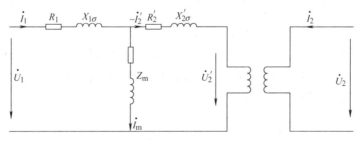

图 3-3 单相双绕组变压器等效电路模型

图 3-3 中，一次绕组的阻抗 $Z_1 = R_1 + jX_{1\sigma}$，二次绕组的阻抗在一次侧的归算值 $Z'_2 = R'_2 + jX'_{2\sigma}$，$Z_m$ 为励磁阻抗，$\dot{U}_1$、$\dot{I}_1$ 为一次电压和电流值，$\dot{U}_2$、$\dot{I}_2$ 为二次电压和电流值，$\dot{U}'_2$、$\dot{I}'_2$ 为二次电压和电流在一次侧的归算值，$\dot{I}_m$ 为励磁电流，k 为变电压比。

由图 3-3 根据基尔霍夫定律可列方程

$$\dot{U}_1 - \dot{U}_1' = \dot{I}_1 Z_1 + \dot{I}_2' Z_2'$$
$$= (\dot{I}_2' + \dot{I}_m) Z_1 + \dot{I}_2' Z_2'$$
$$= \dot{I}_2' Z_K + \dot{I}_m Z_1 \qquad (3\text{-}23)$$

式中　Z_K——短路阻抗，$Z_K = Z_1 + Z_2'$；

　　　$\dot{I}_m$——励磁电流，$\dot{I}_m = \dot{I}_1 - \dot{I}_2'$。

$$\dot{I}_2' = \frac{\dot{I}_2}{k} \qquad \dot{U}_2' = k\dot{U}_2 \qquad (3\text{-}24)$$

结合式(3-23) 和式(3-24)，得

$$\dot{U}_1 - k\dot{U}_2 = \frac{\dot{I}_2}{k} Z_K + \dot{I}_m Z_1 \qquad (3\text{-}25)$$

当变压器工作在磁化曲线的线性区域时，可认为励磁阻抗基本不变，且由于一次绕组阻抗远小于励磁阻抗，所以励磁电流正比于感应电动势 E_1，近似正比于端电压 U_1，故励磁电流 I_m 可认为近似不变，对于一个变压器来说其一次绕组阻抗与二次绕组阻抗都是定值，故在式(3-25) 中可将 $I_m Z_1$ 视作一个不变的常量，短路阻抗 Z_K 也是一个常量，故式(3-25) 中 $\dot{U}_1 - k\dot{U}_2$ 与 $\dfrac{\dot{I}_2}{k}$ 呈线性关系，Z_K 为斜率。

在一定范围内改变配电变压器的负载，测量不同负载情况下变压器的一次电压 $\dot{U}_{1i}$、二次电压 $\dot{U}_{2i}$、二次电流 $\dot{I}_{2i}$，其中 $i = 1，2，3，\cdots，n$，i 为测量次数。以 $\dot{I}_2/k$ 为自变量，$\dot{U}_1 - k\dot{U}_2$ 为因变量得到不同负载下的多组数据进行线性拟合，拟合所得到的线性斜率即为短路阻抗 Z_K，且测量的数据越多，拟合结果越准确。

上述方法同样可适用于三相配电变压器短路阻抗的在线测量，以 Yyn0 联结变压器为例，其绕组接线如图3-4所示。

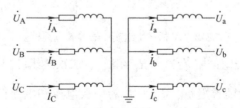

图3-4　Yyn0 联结三相变压器接线图

三相配电变压器在正常运行时，不同负载情况下测量每相的一次电压为 $\dot{U}_{Ai}$、$\dot{U}_{Bi}$、$\dot{U}_{Ci}$，二次电压为 $\dot{U}_{ai}$、$\dot{U}_{bi}$、$\dot{U}_{ci}$，二次电流为 $\dot{I}_{ai}$、$\dot{I}_{bi}$、$\dot{I}_{ci}$。利用与求单相

变压器短路阻抗相同的方法经过相应的数学计算可得每一相的线性拟合公式为

$$
\begin{cases}
\dot{U}_A - k\dot{U}_a = a_1 \dfrac{\dot{I}_a}{k} + b_1 \\[2mm]
\dot{U}_B - k\dot{U}_b = a_2 \dfrac{\dot{I}_b}{k} + b_2 \\[2mm]
\dot{U}_C - k\dot{U}_c = a_3 \dfrac{\dot{I}_c}{k} + b_3
\end{cases}
\tag{3-26}
$$

实际测量过程中取其有效值计算，即

$$
\begin{cases}
U_A - kU_a = a_1 \dfrac{I_a}{k} + b_1 \\[2mm]
U_B - kU_b = a_2 \dfrac{I_b}{k} + b_2 \\[2mm]
U_C - kU_c = a_3 \dfrac{I_c}{k} + b_3
\end{cases}
\tag{3-27}
$$

通过拟合结果可得到斜率 a_1、a_2、a_3，即每一相的短路阻抗值，取三者的平均值即为此三相配电变压器的短路阻抗值。

对于 Yy 联结的变压器，其每相绕组的电压、电流都可以直接测量，利用上述方法可以直接计算其短路阻抗值，但对于 Yd 联结或 Dy 联结的变压器，不能直接测量三角形联结侧的相电流，需要把测得的线电流转化为相电流后再进行拟合计算。以常用的 Yd11 联结变压器为例，其接线如图 3-5 所示。

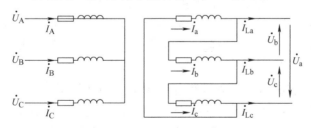

图 3-5　Yd11 联结三相变压器接线图

图 3-5 中 $\dot{I}_{La}$、$\dot{I}_{Lb}$、$\dot{I}_{Lc}$ 为线电流，可表示为

$$
\begin{cases}
\dot{I}_{La} = \dot{I}_a - \dot{I}_b \\[2mm]
\dot{I}_{Lb} = \dot{I}_b - \dot{I}_c \\[2mm]
\dot{I}_{Lc} = \dot{I}_c - \dot{I}_a
\end{cases}
\tag{3-28}
$$

结合 $i_a + i_b + i_c = 0$ 可得

$$\begin{cases} i_a = (i_{La} - i_{Lb})/3 \\ i_b = (i_{Lb} - i_{Lc})/3 \\ i_c = (i_{Lc} - i_{La})/3 \end{cases} \qquad (3\text{-}29)$$

将所测每相绕组的线电流按照式(3-29)转换为每相绕组的相电流后再根据上述方法进行拟合计算配电变压器的短路阻抗。

上述方法可以借助 Matlab/Simulink 仿真功能来验证实现。

1. Matlab/Simulink 介绍

Matlab 是美国 MathWorks 公司出品的商业数学软件，用于算法开发、数据可视化、数据分析以及数值计算的高级技术计算语言和交互式环境，主要包括 Matlab 和 Simulink 两大部分。

Simulink 是 Matlab 中的一种可视化仿真工具，是一种基于 Matlab 的框图设计环境，实现动态系统建模、仿真和分析的一个软件包，被广泛应用于线性系统、非线性系统、数字控制及数字信号处理的建模和仿真中。Simulink 是一个用来对动态系统进行建模、仿真和分析的软件包，它支持连续、离散及两者混合的线性和非线性系统，也支持具有多种采样频率的系统。它为用户提供了框图进行建模的图形接口，采用这种结构化模型就像你用手和纸来画一样容易。它与传统的仿真软件包微分方程和差分方程建模相比，具有更直观、方便、灵活的优点。Simulink 包含有 SINKS（输入方式）、Source（输入源）、Linear（线性环节）、Nonlinear（非线性环节）等，库中包含有相应的功能模块，用户也可以定制和创建自己的模块。

用 Simulink 创建的模型可以具有递阶结构，因此用户可以采用从上到下或从下到上的结构创建模型。用户可以从最高级开始观看模型，然后用鼠标双击其中的子模块，来查看其下一级的内容。以此类推，从而可以看到整个模型的细节，帮助用户理解模型的结构和各模块之间的相互关系。在定义完一个模型后，用户可以通过 Simulink 的菜单或 Matlab 的命令窗口键入命令来对它进行仿真。菜单方式对于交互工作非常方便，而命令方式对于运行一大类仿真非常适用。采用 Scope 模块和其他的画图模块，在仿真进行的同时，就可以观察到仿真结果。除此之外，用户还可以在改变参数后迅速观看系统中发生的变化情况。仿真结果还可以存放到 Matlab 的工作空间里做事后处理。

模型分析工具包括线性化和平衡点分析工具、Matlab 的许多工具及 Matlab 的应用工具箱。由于 Matlab 和 Simulink 是集成在一起的，因此用户可以在这两种环境下对自己的模型进行仿真、分析和修改。

2. 仿真模型和分析结果

以额定容量为100kVA 的双绕组三相变压器为例搭建在线检测变压器短路阻抗的仿真系统，包括三相电源（Three-Phase Source）、三相电压电流测量模块（Three-Phase V-I Measurement）、100kVA 双绕组三相变压器（100kVA Three-Phase Transformer Yyn0 联结）、电压处理模块（Voltage Processing Module）、电流处理模块（Current Processing Module）、三相串联 RLC 负载（Three-Phase Series RLC Load）和电力图形界面（Powergui），整体系统如图3-6所示。

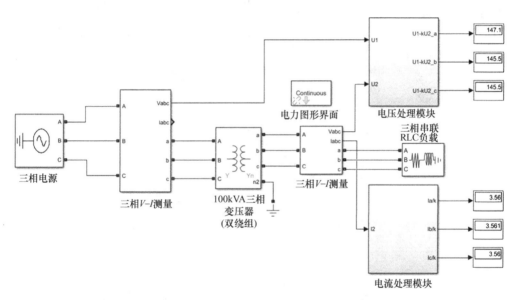

图3-6　变压器短路阻抗在线检测系统图

在额定范围内改变配电变压器的负载，对采集到的电压和电流数据按照式(3-25)进行线性数据拟合，测量数据和拟合结果如图3-7 和表3-2 所示。

表3-2　100kVA 配电变压器在线检测仿真数据

P/W	Q/var	I_a/kA	I_b/kA	I_c/kA	$U_A - kU_a/V$	$U_B - kU_b/V$	$U_C - kU_c/V$
10	10	0.629	0.626	0.626	30.99	30.43	30.41
20	10	0.991	0.988	0.989	44.96	46.86	46.99
30	10	1.4	1.393	1.398	61.17	60.38	60.87
40	10	1.816	1.82	1.819	77.03	78.12	77.18
50	10	2.242	2.248	2.246	93.92	95.06	94.04
60	10	2.674	2.674	2.673	111.5	111.2	111.4
70	10	3.105	3.1	3.104	127.9	127.4	128.2

（续）

P/W	Q/var	I_a/kA	I_b/kA	I_c/kA	$U_A - kU_a$/V	$U_B - kU_b$/V	$U_C - kU_c$/V
80	10	3.529	3.531	3.535	145.4	147.1	145.3
80	20	3.608	3.612	3.611	149.3	148.6	149.5
80	30	3.747	3.731	3.74	154.7	153.6	154.4
80	40	3.913	3.912	3.912	161.1	160.9	161.1
80	50	4.136	4.12	4.12	170.6	169.3	169.9
70	50	3.777	3.763	3.762	156.4	155.2	155.7
60	50	3.425	3.424	3.429	141.3	142.2	142
50	50	3.117	3.105	3.1	130.1	129	129.1
40	50	2.826	2.818	2.811	118.6	117.1	117.3
30	50	2.57	2.569	2.574	106.8	107.8	107.8
20	50	2.38	2.379	2.375	99.06	100.6	100.2
10	50	2.257	2.256	2.253	94.84	95.05	94.67
10	60	2.69	2.697	2.682	112.1	111.9	110.8
10	70	3.125	3.123	3.124	128.3	129.4	130.2
10	80	3.56	3.561	3.56	147.1	145.5	145.5

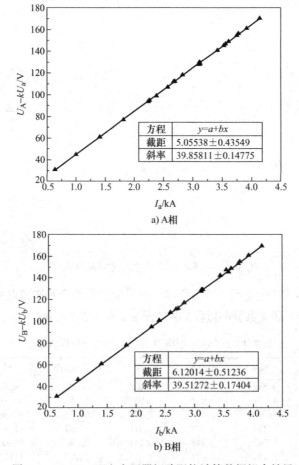

图 3-7　100kVA 配电变压器短路阻抗计算数据拟合结果

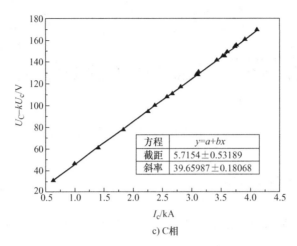

图 3-7　100kVA 配电变压器短路阻抗计算数据拟合结果（续）

根据式(3-25)可知，拟合公式的斜率即为变压器的短路阻抗 Z_K，则由图 3-7 可以得到该 100kVA 配电变压器 A、B、C 三相短路阻抗值分别为 39.858Ω、39.513Ω，39.660Ω，取其三者平均值可得到该配电变压器短路阻抗值为

$$Z_K = (39.858 + 39.513 + 39.660)\,\Omega/3 = 39.677\Omega \qquad (3\text{-}30)$$

由式(3-31)可得 10kV 电压等级、额定容量为 100kVA 的变压器标准短路阻抗为

$$Z_K = U_N^2 U_K(\%)/S_N = 40\Omega \qquad (3\text{-}31)$$

对比测量结果可得误差仅为 0.8%，可见对于国标的配电变压器，该方法可以较精确地检测出该变压器的短路阻抗值，其他额定容量变压器的测量结果与实际结果对比见表 3-3。

表 3-3　在线测量值与实际值对比

额定容量 $S_N/(kVA)$	测量值/Ω	实际值/Ω	误差（%）
30	131.84	133.333	1.1
100	39.677	40	0.8
200	20.212	20	1.06
500	7.924	8	0.95
1000	4.518	4.5	.0.4

由表 3-3 可以看出，通过数据拟合的方法在线检测配电变压器短路阻抗具有较高的精确度，特别是大容量配电变压器，误差控制在 1% 以内，对于额定容量的判断具有重要的参考性。

第4章
配电变压器空载电流的在线检测

本章包括两个方面内容：配电变压器空载电流的计算和在线检测方法。

4.1 空载电流计算

本节包括变压器空载电流的定义以及空载电流有功和无功分量的计算。

4.1.1 定义

空载电流是指当向变压器的一个绕组（一般是一次绕组）施加额定频率的额定电压时，其他绕组开路，流经该绕组线路端子的电流。空载电流由磁化电流（无功分量）和铁损电流（有功分量）组成，其较小的有功分量用以补偿铁心的损耗，其较大的无功分量用于励磁以平衡铁心的磁压降。空载电流是衡量变压器质量的重要参数之一。

根据有关标准的推荐值以及大量实践表明，小功率电源变压器的空载电流 I_0 的最大值应不超过额定电流 I_N 的 $5\% \sim 8\%$；一般中小型配电变压器的空载电流只有额定电流的 $2\% \sim 10\%$；大型变压器的空载电流不到额定电流的 1%。如果空载电流过大，变压器的损耗就会增大；当空载电流超过一定限额时，变压器就不能使用，因为它的温升将超过允许值，工作时间稍长，严重的就会导致烧毁事故。所以减小配电变压器的空载电流对其安全、经济运行有着重大的意义。

为了减少空载电流，首先要了解影响空载电流的物理量有哪些。先定义几个磁场的基本物理量：

磁通 Φ：垂直穿过某一面积 S 的磁力线的总根数，单位韦伯（Wb）。

磁感应强度 B：垂直穿过单位面积的磁力线根数，单位特斯拉（Wb/m^2），且

$$B = \frac{\Phi}{S} \quad 或 \quad \Phi = BS \tag{4-1}$$

磁场强度 H：磁场中某点的磁感应强度与该点磁导率的比值，单位安/米（A/m），且

$$H = \frac{B}{\mu} \quad 或 \quad B = \mu H \tag{4-2}$$

磁导率 μ：描述导磁能力大小的物理量。通常使用相对磁导率 μ_r 来表示，无量纲，表达式为

$$\mu_r = \frac{\mu}{\mu_0} \tag{4-3}$$

式中 μ_0——真空磁导率。

以简单的无分支闭合铁心磁路为例，如图 4-1 所示。把安培环路定律用于铁心中的一条闭合磁力线，有

$$\oint_l \boldsymbol{H} \cdot \mathrm{d}l = NI \tag{4-4}$$

式中，I 和 N 分别是绕组中的电流和匝数。因积分路径上各点的磁场强度 $\boldsymbol{H}$ 和磁感应强度 $\boldsymbol{B}$ 与 $\mathrm{d}l$ 平行，故被积函数

$$\oint_l \boldsymbol{H} \cdot \mathrm{d}l = Hl = \frac{B}{\mu}l = \varPhi \frac{l}{\mu S} = NI \tag{4-5}$$

$$I = \frac{\varPhi R_\mathrm{m}}{N} \tag{4-6}$$

式中 R_m——铁心材料的磁阻，$R_\mathrm{m} = \dfrac{l}{\mu S}$，对应于电阻的定义，其大小取决于铁心的尺寸和材料的磁导率。

变压器空载运行时，二次侧开路，工作状态等效于图 4-1 无分支闭合铁心磁路运行状态。根据式(4-6) 可以看出空载电流与绕组匝数、主磁通、铁心的尺寸和材料有关。

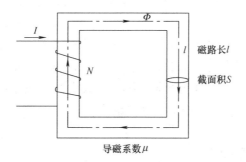

图 4-1 无分支闭合铁心磁路

根据上述分析，可以从以下几个方面考虑如何在变压器设计时尽可能地降低空载电流：

1. 绕组匝数

在变压器其他技术规格相同的情况下，一次绕组的匝数越少，变压器主磁通

越大，对应的空载电流也就越大。特别是在铁心饱和情况下，空载电流会迅速攀升，给变压器造成严重的后果。所以通常利用增加绕组匝数来控制变压器空载电流的大小，但绕组匝数又受变压器窗口面积和绕组线径的限制，不能过大，因此要综合平衡考虑设计。

2. 铁心尺寸

在变压器其他技术规格相同的情况下，铁心尺寸（截面积和磁路长度）越小，铁心磁通密度越大，空载电流也越大。所以通常将变压器铁心尺寸做大以减小空载电流，然而铁心尺寸同样受变压器容量大小和体积的制约。

3. 铁心材料

铁心材料按导磁率可分低、中、高三类。在铁心尺寸和绕组匝数等其他技术规格相同的情况下，铁心材料导磁系数越高，其束磁能力越强，建立同样大小的主磁通所需的空载电流也越小。但导磁系数又受铁心材料（硅钢片）其他物理性能的制约。此外，硅钢片的厚度以及各硅钢片之间的导电性能对变压器的一次空载电流也有影响，一般情况下，硅钢片越厚、相邻硅钢片之间的电阻越小、通电后铁心中的涡流损耗越大，变压器的一次空载电流也越大。

4. 制作工艺

制作变压器时，各绕组绕线应尽量紧密、扎实，硅钢片应排插紧密、规范，绕组与硅钢片之间应尽量紧凑，叠片不齐、接缝过大、夹紧力过小或过大都会造成空载电流的增大。过大的空载电流也会使变压器工作时的噪声增大。不同的铁心类型也会对空载电流产生一定的影响：比如卷铁心不需要叠装、铁心层间没有搭头接缝、磁路各处的磁通分布均匀，都会大大提高空载性能；而当渐开线式铁心与铁轭对接、接缝处较多时空载电流明显较大。

4.1.2 空载电流的计算

空载电流 I_0 分为有功分量 I_{Fe} 和无功分量 I_μ，$I_0 = \sqrt{I_{Fe}^2 + I_\mu^2}$。

1. 有功分量的计算

空载电流的有功分量 I_{Fe} 又称铁耗电流，其大小取决于铁心中消耗的有功功率，即铁损，后者又取决于铁心的材料、重量、磁通密度的大小和变化的频率。变压器铁损又包括磁滞损耗和涡流损耗，一般来说是可以分开计算，但是为了简便，这里只作统一计算，每单位重量的铁损（单位 W/kg）可表示为

$$p_{\mathrm{Fe}} = \rho_{1/50}(f/50)^{\beta}B_{\mathrm{m}}^2 \tag{4-7}$$

式中　$\rho_{1/50}$——铁耗系数；

$\quad\quad\ \beta$——硅钢系数，其值在 1.2 ~ 1.6 范围内，随硅钢片含硅量而异，对部分冷轧硅钢片，可取 1.3；

$\quad\quad\ f$——频率，单位 Hz；

$\quad\quad\ B_{\mathrm{m}}$——磁感应强度最大值，单位 T。

铁耗系数 $\rho_{1/50}$ 是每千克所用硅钢片在 $B_{\mathrm{m}} = 1\mathrm{T}$，$f = 50\mathrm{Hz}$ 时的铁耗，显然 $\rho_{1/50}$ 与所用硅钢片的品种、规格和厚度有关。实际工程计算中是根据硅钢片型号和 B_{m} 查相应表格而求得 p_{Fe}。

铁心中各部分磁通密度不同时，需找出各部分的 p_{Fe}，然后分别乘各部分的质量，总和得到变压器的铁耗。空载电流有功分量为

$$I_{\mathrm{Fe}} = \frac{\Sigma G p_{\mathrm{Fe}}}{U_{\mathrm{N}}} \tag{4-8}$$

式中　G——对应不同 p_{Fe} 部分的质量。

这里应当指出，上式中的 $\Sigma G p_{\mathrm{Fe}}$ 只是指基本铁耗，实际配电变压器中还有附加损耗。为考虑附加铁耗的影响，在设计计算时，常用基本铁耗乘以一个大于 1 的空载损耗附加系数，并按照考虑附加损耗后的总铁耗来计算空载电流的有功分量。

2. 无功分量的计算

无功分量电流 I_{μ} 又称磁化电流，其计算方法与有功分量的计算方法相似。在铁心中当有一定的磁通密度 B_{m} 以一定的频率交变时，就像变压器每单位质量有一定的有功功率消耗一样，每单位质量同样也有一定的励磁无功功率消耗。当频率一定时，每千克铁心所消耗的无功功率 q_{Fe} 是磁通密度 B_{m} 的一个函数。可以用实验方法测定，得出数据表或曲线，计算时可查这些数据表或曲线。此外，在变压器铁心中铁片接缝中的气隙也会消耗一部分磁动势。相应地找出每一接缝处每一单位截面积所消耗的励磁无功功率 q_{δ}，它与气隙的大小有关，因此也与工艺情况有关。无功分量电流为

$$I_{\mu} = \frac{\Sigma G q_{\mathrm{Fe}} + \Sigma A_{\delta}q_{\delta}}{U_{\mathrm{N}}} \tag{4-9}$$

式中　A_{δ}——各接缝的截面积。

同理，考虑到工艺结构、材料等因素的影响，实际的磁化电流要比按照式(4-9)计算出来的数值大，故在进行变压器设计计算时，还应乘以一个大于1的磁化电流附加系数。

4.2 空载电流的在线检测

本节主要介绍变压器空载电流的在线检测方法，利用 Matlab/Simulink 平台搭建在线检测仿真模型，用有限元分析方法结合 Ansys/Maxwell 仿真软件进行仿真计算。

空载电流是指当向变压器的一个绕组（一般是一次绕组）施加额定频率的额定电压时，其他绕组开路，流经该绕组线路端子的电流，此时铁心中的主磁通全部由空载电流产生，所以变压器空载运行的时候，空载电流就是励磁电流，即 $i_{\mathrm{m}} = i_0$。

然而在线检测必须在变压器不停运的前提下完成，即负载运行状态下。由上述变压器负载运行工作状态分析可知，在端电压 $\dot{U}_1$ 不变的情况下，变压器由空载到满载时，一次感应电动势 $\dot{E}_1$ 基本保持不变，故铁心中的主磁通 $\dot{\Phi}_{\mathrm{m}}$ 也基本不变。而负载时的主磁通是由合成磁动势 $\dot{F}_{\mathrm{m}}$ 所产生的，所以变压器空载和负载时的励磁磁动势基本相等，即 $\dot{F}_{\mathrm{m}} = \dot{F}_0$，空载电流与励磁电流也基本相等，所以在变压器负载运行时只需要测量出其励磁电流即可得到其空载电流，在下文中都用空载电流 $\dot{I}_0$ 表示。

以额定容量为 100kVA 的双绕组三相变压器为例搭建变压器空载电流的在线检测仿真系统，包括三相电源（Three-Phase Source）、三相电压电流测量模块（Three-Phase V-I Measurement）、100kVA 双绕组三相变压器（Yyn0 联结）、处理模块（Processing Module）、三相串联 RLC 负载（Three-Phase Series RLC Load）和电力图形界面（Powergui），整体系统如图 4-2 所示。

利用三相电压电流测量模块（Three-Phase V-I Measurement）在线测量出变压器的一、二次电流，然后通过处理模块（Processing Module）对采集到的电流信号进行相应的处理计算，如图 4-3 所示，最终得到该变压器空载电流（包括有效值和相位）。

由变压器负载运行磁动势平衡方程可知

$$\dot{I}_0 = \dot{I}_1 + \frac{\dot{I}_2}{k} \tag{4-10}$$

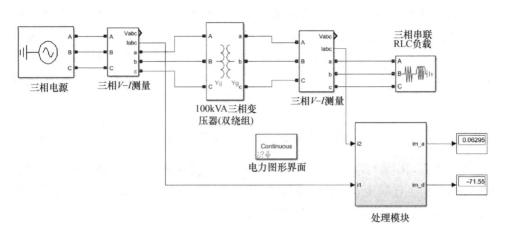

图 4-2　变压器空载电流的在线检测仿真模型

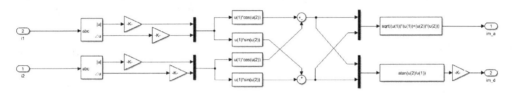

图 4-3　空载电流处理模块

设相量

$$\dot{I}_0 = a + \mathrm{j}b \tag{4-11}$$

$$\dot{I}_1 = c + \mathrm{j}d \tag{4-12}$$

$$\dot{I}_2 = e + \mathrm{j}f \tag{4-13}$$

由于一次电流 $\dot{I}_1$ 与二次电流 $\dot{I}_2$ 在相位上相差 180°，方向相反，故式(4-10)变成

$$a + \mathrm{j}b = \left(c - \frac{e}{k} \right) + \mathrm{j}\left(d - \frac{f}{k} \right) \tag{4-14}$$

若已知 c、d、e、f 的值，即可求得 a、b，则空载电流 $\dot{I}_0$ 的有效值 RMS 和相位 Phase 分别为

$$\begin{cases} \mathrm{RMS} = \sqrt{a^2 + b^2} \\ \mathrm{Phase} = \arctan \dfrac{b}{a} \end{cases} \tag{4-15}$$

57

通过上述解析方法，借助仿真模型，即可在线检测出一定容量配电变压器空载电流。100kVA 配电变压器空载电流在线检测仿真结果见表 4-1，由表可以看出，无论负载在额定范围内如何变化，其空载电流值都维持在 0.063A 左右。已知额定容量为 100kVA 的配电变压器额定电流为 5.77A，则其空载电流百分数为

$$I_0\% = \frac{I_0}{I_N} \times 100\% = \frac{0.063}{5.77} \times 100\% = 1.09\% \tag{4-16}$$

计算结果与国家标准值 1.1% 非常接近，相位角接近 71°，与相量图中空载电流的相位角 α 也比较接近。所以说明该方法和利用 Simulink 所搭建的在线仿真系统能够有效地在线检测出配电变压器的空载电流。

表 4-1　100kVA 配电变压器空载电流在线检测仿真数据

P/W	Q/var	RMS/A	Phase/(°)
10	10	0.06343	−71.62
20	20	0.06332	−71.59
30	30	0.06322	−71.57
40	40	0.06312	−71.54
50	50	0.06301	−71.52
60	60	0.06291	−71.49
70	70	0.06281	−71.64

第5章
配电变压器空载损耗及额定
负载损耗的在线检测

本章主要包括三个内容：空载损耗（铁耗）和负载损耗（铜耗）的推导及其对于变压器的意义；空载损耗的精确数学计算模型；空载损耗以及负载损耗的在线检测方法。

5.1 配电变压器损耗

本节主要介绍变压器的损耗，分空载损耗和负载损耗两大类。通常，变压器的空载损耗可近似为铁耗，负载损耗近似为铜耗。

5.1.1 变压器铁耗（空载损耗）的计算

变压器的铁耗包括磁滞损耗 p_h、涡流损耗 p_c 以及附加铁耗 p_e。

1. 磁滞损耗 p_h

磁滞损耗是由于铁磁材料中存在的磁滞现象所引起的。磁滞现象是指磁化材料中磁感应强度 B 的变化总是落后于磁场强度 H 的变化，在磁化过程出现滞后的现象。

由于铁磁材料磁滞现象的存在，其磁化过程并不是在一条线上重复往返的过程，而是形成一系列的磁滞回线，如图 5-1 所示，以对应最大磁感应强度和最大磁场强度的磁滞回线为例说明。充磁过程中，当 H 从零上升到某一最大值 H_m 时，B 沿磁化曲线 Oa 上升，H_m 对应的磁通密度为 B_m；退磁时，当 H 由 H_m 下降到零时，由于磁滞效应的影响，B 将不再沿原来的曲线 Oa 下降，而是沿着另一条曲线 ab 下降到某一数值 B_r，B_r 称为剩余磁通密度（或剩余磁感应强度）；若此时反向磁化，则当 H 沿着 Oc 达到某一数值 $-H_c$ 时，剩余磁场被全部抵消，H_c 称为矫顽力；此时继续反向磁化，H 达到 $-H_m$，B 也沿着曲线 cd 达到 $-H_m$；接着开始削弱反向磁场强度 H，B 将沿着曲线 de 变化，当 H 为零时，$B = -B_r$；H 正向增大到 $+H_c$ 时，此时磁感应强度为零；H 继续增大到 $+H_m$ 时，B 将沿着曲线 fa 上升至 a 点。当 H

在 $+H_m$ 和 $-H_m$ 反复多次变化后才能得到闭合曲线 abcdefa，此闭合曲线称为铁磁材料的磁滞回线。同一材料在不同的 H_m 值下有不同的磁滞回线，将不同 H_m 值下所得的磁滞回线的顶点连接起来所得的曲线（基本上就是 Oa 曲线）称为基本磁化曲线。

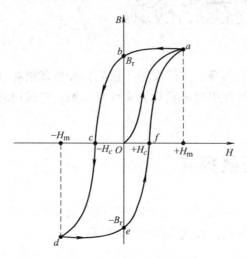

图 5-1 铁磁材料的磁滞回线

铁磁材料在外界交变磁场的作用下反复磁化时，内部磁畴必将随外界磁场变化而不停往返转向，磁畴间相互摩擦而消耗能量，引起损耗，称为磁滞损耗。磁滞损耗 p_h 与硅钢片材料的性质、磁通密度最大值 B_m 以及频率 f 有关，铁磁材料的不同，磁滞回线的形状就不同，磁滞损耗与磁滞回线所包围的面积有关，面积越大，磁滞损耗也就越大。

$$p_h = C_1 V f B_m^{\eta} \tag{5-1}$$

式中 η——施泰因梅茨系数，与铁心材料和最大磁通密度有关，约为 $1.5 \sim 2.5$。

常数 C_1 为磁滞损耗系数，由硅钢片材料特性所决定，与铁心磁导率、密度等有关。

2. 涡流损耗 p_c

当铁心中磁通发生交变时，根据电磁感应定律，铁心硅钢片中同样会感应涡流状的电动势并产生电流，这种电流在硅钢片内部自成闭合回路，呈旋涡状流动，如图 5-2 所示，因此称之为涡旋电流，简称涡流。涡流在导体内流动时，会产生损耗从而引起导体发热，故它具有热效应。同样，涡流与其他电流一样也要产生磁场，这个磁场是减弱外磁场的变化的，即涡流也具有去磁效应。对变压器而言，尽量减少涡流所带来的损耗。

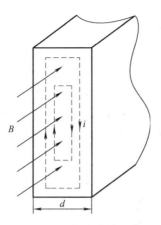

图 5-2 硅钢片中的涡流

涡流损耗 p_c 与铁心中的最大磁通密度 B_m、频率 f、硅钢片厚度 d 以及硅钢片电阻率 ρ 等因素有关，即

$$p_c = C_2 \frac{f^2 B_m^2 d^2}{\rho} \tag{5-2}$$

因此，为了减少涡流损耗，应尽量减少硅钢片的厚度 d，通常电工钢片厚度取 0.35mm 或 0.5mm；另外可增加电工钢片的电阻率，因此钢片中通常添加适量的硅，制成硅钢片以提高其电阻率。

3. 附加铁耗 p_e

附加铁耗包括：在铁心接缝等处由于磁通密度分布不均匀所引起的损耗，在夹件、螺钉、油箱壁等结构部件处引起的局部涡流损耗，铁心叠片间由于绝缘部分引起的局部涡流损耗。附加铁耗与铁心最大磁通密度 B_m 以及频率 f 乘积的二次方成正比，附加铁耗的准确计算比较困难，所以常常借助引入一个"附加铁损系数"的办法来处理，并可以通过大量实验求得其经验系数。

$$p_e = C_3 (fB_m)^{1.5} \tag{5-3}$$

通常小容量变压器由于结构简单影响很小，但对于大容量变压器当铁心磁通密度超过一定数值时，各种附加损耗都显著增加，在油箱以及各种零部件中所产生的附加铁耗还将引起各部件的局部过热，对一些大容量的变压器有时甚至将达到不容许的地步。因此，现代的一些大容量变压器大都采取了一定的措施来降低附加铁耗以防止局部过热。

5.1.2　空载损耗的工程计算

上述变压器铁耗的计算是从电磁的角度分析的，在实际工程设计中，变压器空载损耗是通过先计算出铁心的质量、再乘以单位质量的铁损去计算的。这里所说的铁心质量是指硅钢片的总质量，包括铁心柱质量 G_t，铁轭质量 G_e 和转角质量 G_c 的总和，对于目前常用的铁心柱和铁轭净截面积相等的铁心结构，其空载损耗为

$$P_0 = K_{p_0} G_{Fe} p_t \tag{5-4}$$

式中　K_{p_0}——空载附加损耗系数；

　　　G_{Fe}——硅钢片总质量，单位为 kg；

　　　p_t——硅钢片单位质量损耗，按照设计的铁心最大磁通密度，查表可得，单位为 W/kg。

对于铁心柱和铁轭净截面不相同的铁心结构，这时两者的磁通密度不等，则损耗应该分别计算后再相加，具体计算公式为

$$P_0 = K_{p_0} \left[\left(G_t + \frac{G_c}{2} \right) p_t + \left(G_e + \frac{G_c}{2} \right) p_e \right] \tag{5-5}$$

式中，p_t、p_e 分别为铁心柱和铁轭的单位质量损耗，单位为 W/kg，分别按照相应的磁通密度查表可得。

通常设计中所计算出的空载损耗值不应超过国家标准中所规定的 15%，并且最好是负偏差。

1. 空载附加损耗系数 K_{p_0} 的影响因素

空载附加损耗系数 K_{p_0} 与硅钢片材质等级、毛刺大小、接缝形式、接缝大小、工艺孔、叠片数、叠片工艺和剪切时所受应力因数以及谐波的存在有关，下面分别讨论。

（1）硅钢片材质。变压器铁心的空载性能主要由所选的硅钢片决定。目前大型电力变压器主要使用的硅钢片有 3 种：晶粒取向硅钢片、高导磁晶粒取向硅钢片和激光照射或等离子表面处理的高导磁晶粒取向硅钢片。从硅钢片的厚度来分有 0.23mm、0.27mm、0.3mm、0.35mm 等。

（2）接缝形式。接缝形式分为步进多级（阶梯）接缝和传统的交错接缝。采用前者取代传统的交错接缝可消除铁心中局部损耗增大的现象。

从很多变压器厂的实验可以看出，采用多级步进接缝方式，其接缝部位的磁通分布将大大改善，从而降低变压器的空载损耗、空载电流以及空载噪声（其中

空载电流的降低最为明显，最高可达到50%以上）。而且产品容量越大、硅钢片越薄，改善效果越明显。

而通过对不同级数的阶梯接缝处的磁性能数据分析可以看出：随着级数的不断增加，每增加一级改善幅度越小，6级以后就不显著了。因此3级阶梯接缝是较经济的选择，不过在我国一些先进工业装备的企业，也有采用5~7级阶梯接缝，以提高横截面的占空系数。

（3）接缝间隙。接缝间隙增大，将会引起接缝区域局部磁通密度升高，导致铁心局部损耗增加，噪声也会增大。当接缝间隙为2mm以上时，空载损耗附加系数会增加得很快，因此，改善叠片工艺、减小接缝间隙也是降低损耗的一种途径。

（4）铁心夹紧力大小。ABB公司曾经做过相关的变压器实体试验，夹紧力对空载附加损耗系数的影响不到1%，因此变压器夹紧力对空载损耗的影响完全可以忽略不计，但是，夹紧力对铁心的噪声影响很大。

（5）铁心工艺孔。空载损耗和空载电流与工艺孔孔径的关系是非线性的，即空载损耗和空载电流随孔径的增大而急剧增大，这不仅是因为孔的周围磁通密度较高，而且还由于此处磁通弯曲所致。

由于工艺孔的影响，将引起三相三柱式铁心边柱空载损耗增加5.1%，铁心中柱空载损耗增加3.1%，铁心上下轭空载损耗增加5.5%。工艺孔直径越大，数目越多，空载损耗增加的就越多，尤其是对于较窄片宽的铁心，工艺孔对空载损耗的增加就更明显。

（6）电压谐波。变压器的磁滞损耗会受到谐波的影响，将随谐波电压的增大而增大，其计算公式为

$$P_B = \left(\sum_{h=1}^{\infty} \frac{U_h}{hU_1} \cos\varphi_h \right)^s \tag{5-6}$$

式中　P_B——谐波造成的磁滞损耗；

　　　h——谐波次数；

　　　U_h——h 次谐波电压；

　　　U_1——基波电压；

　　　φ_h——h 次谐波电压初相角；

　　　s——铁心材料系数。

谐波影响下的涡流损耗也将随谐波电压的增大而增大，其计算公式为

$$P_t = 1 + \sum_{h=1}^{\infty} \left(\frac{U_h}{U_1} \right)^2 C_{eh} \tag{5-7}$$

式中，C_{eh} 取决于电磁波的投入深度，C_{eh} 的表达式如下

$$C_{eh} = 1 - 0.0017\xi^{3.61} \qquad \xi < 3.6 \tag{5-8}$$

$$\xi = \Delta\sqrt{\prod u\gamma hf} \tag{5-9}$$

式中 P_t——谐波造成的涡流损耗;

     Δ——铁心厚度;

     u——铁心的渗透率;

     γ——铁心的电导率;

     f——基波频率。

2. 空载附加损耗系数 K_{p_0} 的估算

晶粒取向硅钢片的电磁性能与加工关系密切,在制造过程中,剪切和弯曲的曲率半径过小、磕碰等,均会使晶粒取向硅钢片的电磁性能变差。通常对于不同铁心叠片,空载附加损耗系数在如下范围内(铁心直径越大,附加系数越小)

(1)卷铁心:$K_{p_0} = 0.7 \sim 1.2$,单相 1.05;三相 $1.15 \sim 1.20$。

(2)单相叠片铁心:

1)晶粒取向硅钢片:$K_{p_0} = 0.95 \sim 1.05$。

2)激光高磁导晶粒取向硅钢片:$K_{p_0} = 1.00 \sim 1.10$。

(3)三相三柱叠片铁心:

1)晶粒取向硅钢片:$K_{p_0} = 1.1 \sim 1.4$。

2)高磁导晶粒取向硅钢片:$K_{p_0} = 1.15 \sim 1.40$。

3)激光高磁导晶粒取向硅钢片:$K_{p_0} = 1.17 \sim 1.25$。

(4)三相五柱叠片铁心:$K_{p_0} = 1.2 \sim 1.35$。

5.1.3 变压器铜耗(负载损耗)的计算

变压器在带载运行时,一、二次绕组都有电流通过,电流在一、二次绕组中产生损耗就是变压器的铜耗,又称负载损耗。除基本绕组的直流损耗外,还包括附加损耗,附加损耗主要有绕组涡流损耗、环流损耗和杂散损耗。所有这些附加损耗都与变压器的绕组与铁心等的结构形式、漏磁场的大小的分布密切相关。

1. 基本铜耗

对于小容量变压器,负载损耗主要是指基本铜耗,漏磁场引起的附加损耗所占比例很小。基本铜耗按如下公式计算

$$P_{BH} = m(I_{1L}^2 R_{1,75°} + I_{2L}^2 R_{2,75°}) \tag{5-10}$$

式中　　m——绕组相数；

$\quad I_{1L}$，I_{2L}——变压器带载时的一、二次电流，带额定负载时电流即为一、二次额定电流；

$R_{1,75°}$，$R_{2,75°}$——折合到75℃时，一、二次绕组总电阻。

在实际工程计算中，常用电流密度与导线重量来计算基本铜耗，由于 $I_N = J_N A_c$，$G_c = \rho' l A_c$，$R_{75°} = \rho_{75°}\dfrac{l}{A_c}$，式(5-10) 可变成如下形式

$$
\begin{aligned}
P_{BP} &= m\left[(J_N A_{c1})^2 \cdot \rho_{75°}\frac{l_1}{A_{c1}} + (J_N A_{c2})^2 \cdot \rho_{75°}\frac{l_2}{A_{c2}} \right] \\
&= \frac{\rho_{75°}}{\rho'} J_N^2 \left[(mA_{c1}l_1\rho') + (mA_{c1}l_1\rho') \right] \\
&= \varepsilon_{75°} J_N^2 (G_{c1} + G_{c2}) \\
&= \varepsilon_{75°} J_N^2 G_c
\end{aligned}
\tag{5-11}
$$

式中　　m——绕组相数；

$\quad J_N$——绕组电流密度（一、二次电流密度近似相等），单位为 A/mm²；

A_{c1}、A_{c2}——一、二次绕组的导线截面积，单位为 mm²；

$\quad l_1$、l_2——一、二次绕组的导线截面积，单位为 mm²；

$\quad \rho_{75°}$——75℃时导线材料的电阻率，单位为 Ω·m。铜线为 $0.02135 \times 10^{-6} \Omega \cdot m$；铝线为 $0.0357 \times 10^{-6} \Omega \cdot m$；

$\quad \rho'$——裸导线密度，单位为 kg/m³。铜线为 8900kg/m³，铝线为 $2.7 \times 10^3 kg/m^3$；

$\quad \varepsilon_{75°}$——常量，$\varepsilon_{75°} = \dfrac{\rho_{75°}}{\rho'}$。铜线为 $2.4 \times 10^{-12} \Omega \cdot m^4/kg$，铝线为 $13.22 \times 10^{-12} \Omega \cdot m^4/kg$。

2. 绕组涡流损耗

大容量变压器运行时，绕组的安匝会产生很大的漏磁场。所谓漏磁场是指通过空气闭合形成漏磁回路的那部分磁通。由于绕组的导线处在漏磁场中，漏磁通会在导线中引起涡流损耗。

漏磁通在绕组的高度范围内，大部分是轴向的，但在绕组端部及安匝不平衡部分，漏磁通也有横向分量，不过横向漏抗电动势比轴向小得多，只有在特大容量变压器内才占一定比例。所以在变压器计算中，往往仅计算漏抗电动势，然后再考虑一个横向漏抗电动势影响系数。

对于轴向漏磁场在绕组中引起的涡流损耗的计算，其数学推导过程较复杂，下面只介绍常用绕组的涡流损耗系数工程计算方法。所谓涡流损耗系数是指绕组导体的涡流损耗平均值与绕组基本铜耗之比。下面以双绕组变压器由轴向漏磁场在扁线绕制的饼式线圈中引起的涡流损耗计算为例。

在工频和正常导线尺寸条件下，可以忽略涡流的去磁作用。如图5-3所示为双绕组变压器的一个同心式饼式线圈，其涡流损耗的平均值为

$$P_{\mathrm{w}} = \frac{\pi D_{\mathrm{av}} m n b a^3 \omega^2 B_{\mathrm{m}\sigma}^2}{72\rho_{75}} \qquad (5\text{-}12)$$

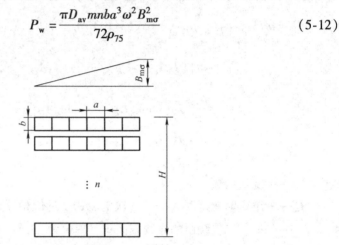

图5-3　双绕组变压器同心式饼式线圈

而绕组中额定负载电流产生的电阻损耗，根据式(5-11) 得

$$P_{\mathrm{BP}} = \varepsilon_{75^\circ} J_N^2 G_{\mathrm{c}}$$
$$= \pi D_{\mathrm{av}} \varepsilon_{75^\circ} J_N^2 a b n m \qquad (5\text{-}13)$$

将式(5-12) 除以式(5-13)，即可得到涡流损耗系数

$$K_{\omega 1} = 0.548 \left(\frac{B_{\mathrm{m}\sigma} f a}{J_N \varepsilon_{75^\circ}} \right)^2 \qquad (5\text{-}14)$$

式(5-13) 和式(5-14) 中　D_{av}——绕组相数；

$\qquad\qquad b$——单根导线的轴向尺寸；

$\qquad\qquad a$——单根导线的横向尺寸；

$\qquad\qquad m$——线饼的横向导体数；

$\qquad\qquad n$——绕组轴向饼数；

$\qquad\qquad f$——交流电流的频率；

$\qquad B_{\mathrm{m}\sigma}$——漏磁密最大值；

$\qquad\qquad J_N$——绕组额定电流密度。

漏磁通密度最大值可表示为

$$B_{m\sigma} = \mu_0 \frac{\sqrt{2} I_N N}{H} \rho_1 \qquad (5\text{-}15)$$

式中 H——绕组高度；

ρ_1——纵向漏磁场洛氏系数；

N——绕组匝数；

$I_N = J_N ab = J_N A_c$，A_c 为单根导线截面积。

将式(5-15) 代入式(5-14) 中，取铜线计算，$\rho_{75°} = 0.02135 \times 10^{-6} \Omega \cdot m$，$\mu_0 = 0.4\pi \times 10^{-6} H/m$，即可得出温度为 75℃ 时，铜线绕组的涡流损耗系数的数值计算公式为

$$K_{\omega 1 Cu} = 3.8 \left(\frac{fmnaA_c \rho_1}{H} \right)^2 \times 10^3 \qquad (5\text{-}16)$$

式中，a、H 的单位为 m，A_c 的单位为 m^2，f 的单位为 Hz。

铝线绕组的涡流损耗系数的数值计算公式为

$$K_{\omega 1 Al} = 1.358 \left(\frac{fmnaA_c \rho_1}{H} \right)^2 \times 10^3 \qquad (5\text{-}17)$$

3. 绕组环流损耗

当变压器绕组的电流较大时，需要采用多根（相互绝缘的）并联导线。在连续式、纠结式和螺旋式等线圈中，导线的排列方向垂直于轴向漏磁场方向。如果不采取特殊措施，则由于各并联导线处于不同大小的漏磁场中，使各导线的漏磁链和感抗不同；同时各并联导线的长度也不一样（靠里边的短些），使得它们的电阻值也不相同。这样将使电流在各并联导线间分布不均匀，或者说由于漏磁链和感抗不同，将使绕组的各绝缘导体间出现环流，从而使绕组损耗增大。

为了改善各并联导线间（支路）的电流分布，通常采取换位措施，即在线圈的绕制过程中将各导线相互位移。良好的换位可以使各并联导线处于完全相同的漏磁位置，称为完全换位。直接采用所谓换位导线也可以达到同样的目的，换位的方式通常有五种：标准换位；两组特殊换位；两组标准换位；四组特殊换位；交叉均匀换位。

4. 绕组杂散损耗

变压器负载运行时，漏磁通在各种钢铁结构件中产生的涡流损耗和磁滞损耗之和称为结构损耗，这部分损耗的计算非常困难，一般按照经验取总损耗的 2% ~ 5% 即可。

5.1.4　减少变压器中附加损耗的途径与措施

由于漏磁场的存在引起了变压器中的各种附加损耗，降低了变压器的效率，增加了局部过热的危险性。随着变压器容量的增大，漏磁场引起的附加损耗相对增大，故应采取相应措施降低其损耗。减小漏磁场虽然是一个很有效的办法，能明显减少变压器的附加损耗，然而受国家标准对短路阻抗值的限制，过小的漏电抗会导致短路电流过大，抗短路能力变差，变压器的动、热稳定性能难以保证。所以必须考虑其他办法，在漏磁数量一定的条件下，采取以下措施，可减少一定的附加损耗。

（1）减少同心式线圈的径向漏磁场，以减少绕组和油箱壁的涡流损耗。这就要求所有绕组的磁动势分布应使径向漏磁场最小。应该指出，绕组沿高度方向磁动势不平衡度最小时，并不能总是获得漏磁损耗最小的结果。因为漏磁感应的分布与磁动势分布差别很大，应该用计算或对比的方法，确定绕组磁动势的最佳分布。在可能产生较大损耗的地方，采用磁分路使漏磁通绕过这些部位，或者在油箱壁内侧装设由铜板或铝板制成的屏障，利用屏障内的涡流阻尼作用，以阻碍企图进入油箱内的漏磁通，达到降低损耗的目的。

（2）选用小截面的导线，特别是垂直于漏磁场方向的导线尺寸不能过大，以降低导线的涡流损耗；有多根并联导体的绕组，尽可能满足完全换位的条件进行换位，以降低绕组的环流损耗。如能采用换位导线，则绕组的涡流损耗与环流损耗可以同时做到最大幅度的降低。

（3）应用某些特殊材料制造零部件。如用玻璃纤维材料制作夹件、压板，用铝合金制作油箱；此外，为了削弱线电流在箱盖上引起的漏磁损耗，可以在箱盖上开孔再安装一个由非导磁材料制成的垫板来固定套管，或在套管开孔之间开槽并填以非导磁材料，以增大漏磁回路的磁阻，减小漏磁通的数量。

5.2　空载损耗的精确数学计算模型

本节主要介绍变压器空载损耗的精确数学计算模型的推导，推导过程如下。

由于优势在于在线检测，即在变压器带负载运行的情况下测得其空载损耗。由上一节中知道变压器带载运行的时候，其空载损耗近似为铁耗，所以实际上就是计算变压器带载时的铁耗，包括磁滞损耗 p_h、涡流损耗 p_c 以及附加损耗 p_e。

$$p_0 = p_h + p_c + p_e \tag{5-18}$$

将式(5-1)～式(5-3)代入式(5-18)可得

$$p_0 = p_h + p_c + p_e$$

$$= C_1 V f B_m^\eta + C_2 \frac{f^2 B_m^2 d^2}{\rho} + C_3 (fB_m)^{1.5} \tag{5-19}$$

式中　C_1、C_2、C_3——分别为与铁心材料有关的常系数；

　　　　V——铁心材料总体积；

　　　　η——施泰因梅茨系数，与铁心材料有关，约为 $1.5 \sim 2.5$；

　　　　d——硅钢片厚度；

　　　　ρ——硅钢片电阻率；

　　　　f——工作频率；

　　　　B_m——铁心最大磁通密度。

可见，对于一台已经设计好了的变压器来说，C_1、C_2、C_3、V、d、ρ 都为常数，根据式(5-19)可知，变压器的空载损耗与频率 f 以及铁心最大磁通密度 B_m 有关。如果变压器维持在工频下运行，特别是配电变压器，那么 f 也可视作常数。由此可得空载损耗只与铁心最大磁通密度 B_m 有关，则式(5-19)可变为

$$p_0 = p_h + p_c + p_e$$

$$= K_h B_m^\eta + K_c B_m^2 + K_e B_m^{1.5} \tag{5-20}$$

式中，K_h、K_c、K_e 为常数，空载损耗只与铁心最大磁通密度 B_m 有关，而最大磁通密度 B_m 又取决于最大磁通 Φ_m。由电磁感应原理可得，变压器一次感应电动势可表示为

$$E_1 = \frac{1}{\sqrt{2}} 2\pi f N_1 \Phi_m = 4.44 f N_1 S B_m = K_s B_m \tag{5-21}$$

式中　N_1——一次绕组匝数；

　　　　Φ_m——铁心最大磁通幅值；

　　　　S——变压器铁心截面积。

令 $K_S = 4.44 f N_1 S$ 为一常数，找到变压器一次感应电动势 E_1 与铁心最大磁通密度 B_m 的关系，将式(5-21)代入式(5-20)，得

$$p_0 = K_h B_m^\eta + K_c B_m^2 + K_e B_m^{1.5}$$

$$= K_h \left(\frac{E_1}{K_S}\right)^\eta + K_c \left(\frac{E_1}{K_S}\right)^2 + K_e \left(\frac{E_1}{K_S}\right)^{1.5} \tag{5-22}$$

此时可见空载损耗与变压器一次感应电动势存在某种非线性关系，进一步推导，根据变压器 T 型等效电路中各个物理量之间的关系，由基尔霍夫第一定律可以得到等式

$$E_1 = U_1 - I_1 Z_1 = U_1 - I_2 Z_1 / k \tag{5-23}$$

代入式(5-20) 可得

$$p_0 = K_h B_m^\eta + K_c B_m^2 + K_e B_m^{1.5}$$

$$= K_h \left(\frac{E_1}{K_S}\right)^\eta + K_c \left(\frac{E_1}{K_S}\right)^2 + K_e \left(\frac{E_1}{K_S}\right)^{1.5}$$

$$= \sigma_h \left(U_1 - I_2 \frac{Z_1}{k}\right)^\eta + \sigma_c \left(U_1 - I_2 \frac{Z_1}{k}\right)^2 + \sigma_e \left(U_1 - I_2 \frac{Z_1}{k}\right)^{1.5} \qquad (5-24)$$

式中　U_1——变压器一次电压，在稳态运行时波动很小，可近似为额定电压 U_{1N}；

　　　　Z_1——一次绕组阻抗；

　　　　I_2——负载电流，随负荷变化而变化；

　　　　k——电压比；

　　　　$\sigma_h = \dfrac{K_h}{K_S^\eta}$，$\sigma_c = \dfrac{K_c}{K_S^2}$，$\sigma_e = \dfrac{K_e}{K_S^{1.5}}$ 都为可计算的常数；系数 η 的值查表可知，一般常用材料可取 1.6。

由式(5-24) 可以看出，对于一台已经设计好的变压器来说，σ_h、σ_c、σ_e、U_1、Z_1、k 都为常数，此时空载损耗就变成了负载电流 I_2 的函数。

为了便于进一步分析，将式(5-24) 的磁滞损耗分量、涡流损耗分量、附加损耗分量分别进行多项式展开，可得

$$\begin{cases} p_h = \sigma_h \left[U_1^\eta - \eta U_1^{\eta-1} \frac{Z_1}{k} I_2 + \frac{\eta(\eta-1)}{2!} U_1^{\eta-2} \left(\frac{Z_1}{k}\right)^2 I_2^2 - \frac{\eta(\eta-1)(\eta-2)}{3!} U_1^{\eta-3} \left(\frac{Z_1}{k}\right)^3 I_2^3 + \cdots \right] \\[2mm] p_c = \sigma_c \left[U_1^2 - 2U_1 \frac{Z_1}{k} I_2 + \left(\frac{Z_1}{k}\right)^2 I_2^2 \right] \\[2mm] p_e = \sigma_e \left[U_1^{1.5} - 1.5 U_1^{0.5} \frac{Z_1}{k} I_2 + \frac{1.5 \times 0.5}{2!} U_1^{(-0.5)} \left(\frac{Z_1}{k}\right)^2 I_2^2 - \frac{1.5 \times 0.5 \times (-0.5)}{3!} U_1^{(-1.5)} \left(\frac{Z_1}{k}\right)^3 I_2^3 + \cdots \right] \end{cases}$$

$$(5-25)$$

合并多项式后空载损耗可表示为

$$p_0 = a_0 - a_1 I_2 + a_2 I_2^2 - a_3 I_2^3 + \cdots + a_n I_2^n \qquad n \subset \infty \qquad (5-26)$$

写成矩阵形式为

$$\boldsymbol{p}_0 = [a_0, -a_1, a_2, -a_3 \cdots a_n] \cdot \begin{bmatrix} 1 \\ I_2 \\ I_2^2 \\ I_2^3 \\ \vdots \\ I_2^n \end{bmatrix} \qquad n \subset \infty \qquad (5-27)$$

式中，系数 a_0，a_1，a_2，a_3，$\cdots$，a_n 都为常数，计算如下：

$$
\begin{cases}
a_0 = \sigma_h U_1^\eta + \sigma_c U_1^2 + \sigma_e U_1^{1.5} \\[2mm]
a_1 = \dfrac{Z_1}{k}(\sigma_h \eta U_1^{\eta-1} + 2\sigma_c U_1 + 1.5\sigma_e U_1^{0.5}) \\[2mm]
a_2 = \left(\dfrac{Z_1}{k}\right)^2 \left(\dfrac{\eta(\eta-1)}{2!}\sigma_h U_1^{\eta-2} + \sigma_c + \dfrac{1.5\times0.5}{2!}\sigma_e U_1^{-0.5}\right) \\[2mm]
a_3 = \left(\dfrac{Z_1}{k}\right)^3 \left(\dfrac{\eta(\eta-1)(\eta-1)}{3!}\sigma_h U_1^{\eta-3} + \dfrac{1.5\times0.5\times(-0.5)}{3!}\sigma_e U_1^{-1.5}\right) \\[2mm]
\quad\quad\quad\quad\quad\quad \vdots
\end{cases}
\tag{5-28}
$$

由此可见变压器的空载损耗为负载电流的多项式函数，即 $p_0 = f(I_2)$。

由上述分析可知，施泰因梅茨系数 η 的值在 1.5~2.5 之间。所以当 $n \geqslant 3$ 时，U_1 的幂为负，对于一般配电变压器来说，一次额定电压值很大，此时系数 a_n 的值很小，可以忽略不计，故式(5-26)变为

$$
p_0 = a_0 - a_1 I_2 + a_2 I_2^2
\tag{5-29}
$$

由式(5-29)可以看出，当负载电流 $I_2 = 0$ 时，此时变压器处于空载状态，其空载损耗 $p_0 \approx a_0$ 是一个恒定的值。由于系数 a_1、a_2 的值偏小，特别是在变压器带重载的情况下，其影响很小，所以通常认为变压器的铁耗是不变损耗。然而当变压器过载运行的时候，随着负载电流的增大，此时的空载损耗会存在一定的波动，对测量精度产生影响。由于目前一些企业对变压器过载能力的需求，变压器过载运行已经成为一种常态，所以对其过载情况的分析也是必不可少的，这也是本书对空载损耗精确计算推导的原因。并在后面会通过仿真结果作进一步的探讨。

5.3 空载损耗和额定负载损耗的在线检测

本节主要介绍变压器空载损耗和负载损耗的在线检测方法，并根据空载损耗的数学计算模型在 Matlab/Simulink 上搭建仿真模型，同时也做了有限元分析。

5.3.1 仿真模型的搭建

还是以额定容量为 100kVA 的双绕组三相变压器为例搭建变压器空载损耗的在线检测仿真系统，包括三相电源（Three-Phase Source）、三相电压电流测量模块（Three-Phase V-I Measurement）、100kVA 双绕组三相变压器（Yyn0 联结）、一次侧处理模块（Primary Side Processing Module）、二次侧处理模块（Secondary Side Processing Module）、三相串联 RLC 负载（Three-Phase Series RLC Load）和电力图形界面（Powergui），整体系统如图 5-4 所示。其中包括一次侧处理模块，如图 5-5 所示，主要功能是利用一次侧采集到的电压和电流得到输入功率 P_1。

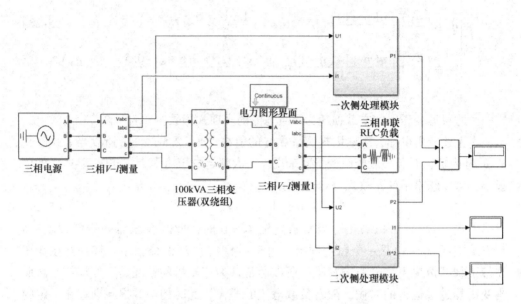

图 5-4　变压器空载损耗在线检测仿真系统

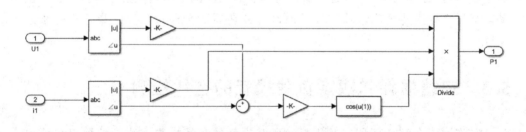

图 5-5　一次侧处理模块

二次侧处理模块如图 5-6 所示。主要功能是利用一次侧采集到的电压和电流到输出功率 P_2，同时得到负载电流 I_2 的有效值。

根据输入、输出电压和电流计算出带不同负载时变压器在某一时间段 T 内的输入输出功率 P_1 和 P_2，相减得变压器总损耗 ΔP 为

$$\Delta P = P_1 - P_2 = \frac{1}{T}\int_0^T u_1 i_1 \mathrm{d}t - \frac{1}{T}\int_0^T u_2 i_2 \mathrm{d}t \tag{5-30}$$

每一相的损耗分别为

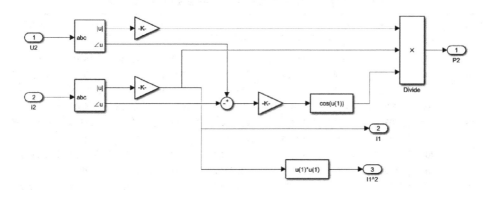

图 5-6　二次侧处理模块

$$\begin{cases} \Delta P_{\mathrm{A}} = P_{\mathrm{A}} - P_{\mathrm{a}} = \dfrac{1}{T}\int_0^T u_{\mathrm{A}} i_{\mathrm{A}}\mathrm{d}t - \dfrac{1}{T}\int_0^T u_{\mathrm{a}} i_{\mathrm{a}}\mathrm{d}t \\[2mm] \Delta P_{\mathrm{B}} = P_{\mathrm{B}} - P_{\mathrm{b}} = \dfrac{1}{T}\int_0^T u_{\mathrm{B}} i_{\mathrm{B}}\mathrm{d}t - \dfrac{1}{T}\int_0^T u_{\mathrm{b}} i_{\mathrm{b}}\mathrm{d}t \\[2mm] \Delta P_{\mathrm{C}} = P_{\mathrm{C}} - P_{\mathrm{c}} = \dfrac{1}{T}\int_0^T u_{\mathrm{C}} i_{\mathrm{C}}\mathrm{d}t - \dfrac{1}{T}\int_0^T u_{\mathrm{c}} i_{\mathrm{c}}\mathrm{d}t \end{cases} \tag{5-31}$$

由前面的分析可知，变压器在带载运行的情况下总损耗主要包括铁耗和铜耗，即空载损耗和负载损耗

$$\Delta P = P_{\mathrm{k}} + P_0 = \beta^2 P_{\mathrm{K}} + P_0 \tag{5-32}$$

式中　β——负载率，$\beta = I_2/I_{2\mathrm{N}}$，表征变压器所带负载占额定负载的比例；

　　P_{K}——额定负载损耗；

　　P_{k}——负载损耗。在额定负载，即负载率 $\beta = 1$ 时，$P_{\mathrm{k}} = P_{\mathrm{K}}$；

　　P_0——空载损耗。

结合式(5-29)，式(5-32) 变为

$$\Delta P = \beta^2 P_{\mathrm{K}} + P_0 = a_0 - a_1 I_2 + \left(a_2 + \dfrac{P_{\mathrm{K}}}{I_{2\mathrm{N}}^2}\right) I_2^2 \tag{5-33}$$

式中，系数 a_0、a_1 以及 $a_2 + \dfrac{P_{\mathrm{K}}}{I_{2\mathrm{N}}^2}$ 都是可以求得的常数。则由式(5-33) 可以看出总损耗 ΔP 也是负载电流 I_2 的多项式函数。

5.3.2　测量数据及仿真结果分析

搭建好了仿真系统后，按照图 5-4 所示的仿真系统采集数据并处理，得到不同负载下的部分数据，如表 5-1 所示（最后取三相平均值作为计算数据）。

表 5-1   100kVA 配电变压器空载损耗在线检测仿真数据

P/W	Q/Var	I_a/A	I_b/A	I_c/A	I_c/A	ΔP_a/W	ΔP_b/W	ΔP_c/W	ΔP_c/W
50	50	77.57	77.26	77.14	77.32333	648.7	30.43	30.41	642.3333
60	50	85.23	85.23	85.21	85.22333	740.4	46.86	46.99	737.9
60	60	92.79	92.42	92.27	92.49333	840.4	60.38	60.87	832.4333
65	60	96.25	96.34	96.4	96.33	881.3	78.12	77.18	884.1
70	60	100.2	100.3	100.4	100.3	936.1	95.06	94.04	941.5
70	65	103.8	103.9	103.9	103.8667	992	111.2	111.4	995.1333
70	70	107.9	107.5	107.3	107.5667	1065	127.4	128.2	1054.667
75	70	111.3	111.4	111.4	111.3667	1111	147.1	145.3	1114
80	70	115.2	115.3	115.3	115.2667	1183	148.6	149.5	1182
85	70	119.7	119.1	119	119.2667	1264	153.6	154.4	1250
66	70	104.9	104.6	104.4	104.6333	1017	160.9	161.1	1009.333
78	70	113.6	113.7	113.8	113.7	1146	169.3	169.9	1152.667
82	72	118.1	118.2	118.4	118.2333	1224	155.2	155.7	1230.667
82	75	120.3	120.4	120.5	120.4	1261	142.2	142	1268
82	78	122.5	122.6	122.7	122.6	1303	129	129.1	1307
82	82	125.9	125.4	125.2	125.5	1376	117.1	117.3	1363
85	82	128.1	127.7	127.6	127.8	1415	107.8	107.8	1405.667
90	82	131.5	131.6	131.6	131.6	1468	100.6	100.2	1475.667
90	85	133.6	133.8	133.8	133.7333	1514	95.05	94.67	1518.333
90	90	137.9	137.3	137.1	137.4333	1608	111.9	110.8	1593.333

根据表 5-1 中的数据，以 I_2 为自变量，ΔP 为因变量进行多项式拟合。所谓拟合是指已知某函数的若干离散函数值 $\{f_1, f_2, \cdots, f_n\}$，通过调整该函数中若干待定系数 $f(a_1, a_2, \cdots, a_n)$，使得该函数与已知点集的差别（最小二乘法的意义）最小。形象地说，拟合就是把平面上一系列的点，用一条光滑的曲线连接起来。因为这条曲线有无数种可能，从而有各种拟合方法。拟合的曲线一般可以用函数表示，根据这个函数的不同有不同的拟合名字。由于 ΔP 是 I_2 的多项式函数，所以按照多项式函数进行拟合，拟合曲线如图 5-7 所示。

由图 5-7 可以看出尝试了三种多项式拟合，分别为四阶、三阶和二阶多项式拟合方程。从结果来看，四阶多项式拟合结果的各项系数标准差过大，没有趋于回归，而且三次幂和四次幂的系数很小，可以忽略不计，这也与上节中的结论相对应，如图 5-7a 所示；三阶多项式拟合结果相比于前者虽然趋于稳定，各系数也接近于实际值，但仍然存在较大的误差，如图 5-7b 所示；相比于前两种拟合函数，二阶多项式拟合有着较好的回归趋势，也对应式(5-33)，如图 5-7c 所示。图中截距对应系数 a_0，其数值近似于空载损耗；B_1 对应 a_1；B_2 对应 $a_2 + P_K/I_{2N}^2$，如果已知额定电流，即可得到该变压器额定负载损耗。

从图 5-7c 可以看出，B_1 的拟合值趋于零，如果去掉一次项，则拟合公式变为 $y = A + Bx^2$ 的形式，对应式(5-32)。在变压器带额定负载范围内可认为空载损耗为

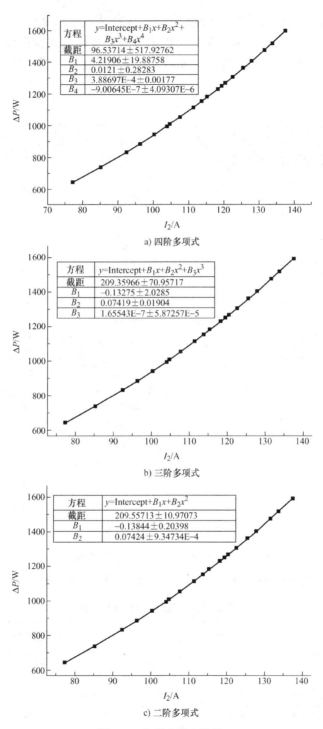

a) 四阶多项式

b) 三阶多项式

c) 二阶多项式

图 5-7 多项式拟合结果

定值，对应为拟合公式的截距 A，额定负载损耗则对应为 I_{2N}^2B。

按照改进的拟合公式在额定负荷范围内重新测量取值进行拟合。以额定容量分别为 30kVA、100kVA、200kVA、500kVA 的配电变压器为例，拟合结果如图 5-8 所示。

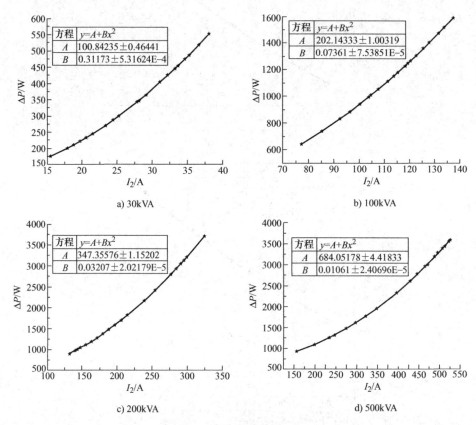

图 5-8 改进的拟合结果

可以看出改进后的拟合结果标准差更小，拟合系数 A 和 B 的值更趋于稳定，拟合公式也与理论公式相一致，拟合计算的结果与国标值对比见表 5-2。

表 5-2 配电变压器空载损耗对比

S_N/(kVA)	空载损耗			额定负载损耗		
	测量值/W	国标值/W	误差（%）	测量值/W	国标值/W	误差（%）
30	100.842	100	0.842	584.494	600	2.584
100	202.143	200	1.072	1533.542	1500	2.236
200	347.356	340	2.164	2672.5	2600	2.788
500	684.052	680	0.596	5526.042	5150	7.302

5.3.3 有限元法分析变压器损耗

1. 有限元法

在数学中，有限元法（Finite Element Method，FEM）是一种为求解偏微分方程边值问题近似解的数值技术。求解时对整个问题区域进行分解，每个子区域都成为简单的部分，这种简单部分就称作有限元。

有限单元法是随着电子计算机的发展而迅速发展起来的一种现代计算方法。它是 20 世纪 50 年代首先在连续体力学领域——飞机结构静、动态特性分析中应用的一种有效的数值分析方法，随后很快广泛地应用于求解热传导、电磁场、流体力学等连续性问题。它通过变分方法，使得误差函数达到最小值并产生稳定解。类比于连接多段微小直线逼近圆的思想，有限元法包含了一切可能的方法，这些方法将许多被称为有限元的小区域上的简单方程联系起来，并用其去估计更大区域上的复杂方程。它将求解域看成是由许多称为有限元的小的互连子域组成，对每一单元假定一个合适的（较简单的）近似解，然后推导求解这个域总的满足条件（如结构的平衡条件），从而得到问题的解。这个解不是准确解，而是近似解，因为实际问题被较简单的问题所代替。由于大多数实际问题难以得到准确解，而有限元不仅计算精度高，而且能适应各种复杂形状，因而成为行之有效的工程分析手段。

有限元是那些集合在一起能够表示实际连续域的离散单元。有限元的概念早在几个世纪前就已产生并得到了应用，例如用多边形（有限个直线单元）逼近圆来求得圆的周长，但作为一种方法而被提出，则是最近的事。有限元法最初被称为矩阵近似方法，应用于航空器的结构强度计算，并由于其方便性、实用性和有效性而引起从事力学研究的科学家的浓厚兴趣。经过短短数十年的努力，随着计算机技术的快速发展和普及，有限元方法迅速从结构工程强度分析计算扩展到几乎所有的科学技术领域，成为一种丰富多彩、应用广泛并且实用高效的数值分析方法。

对于不同物理性质和数学模型的问题，有限元求解法的基本步骤是相同的，只是具体公式推导和运算求解不同。有限元求解问题的基本步骤通常为：

第一步：问题及求解域定义

根据实际问题近似确定求解域的物理性质和几何区域。包括以下几个方面：

1）定义问题的几何区域：根据实际问题近似确定求解域的物理性质和几何区域。

2）定义单元类型。

3）定义单元的材料属性。

4）定义单元的几何属性，如长度、面积等。

5）定义单元的连通性。

6）定义单元的基函数。

7）定义边界条件。

8）定义载荷。

第二步：求解域离散化

将求解域近似为具有不同有限大小和形状且彼此相连的有限个单元组成的离散域，习惯上称为有限元网络划分。显然单元越小（网格越细）则离散域的近似程度越好，计算结果也越精确，但计算量及误差都将增大，因此求解域的离散化是有限元法的核心技术之一。

第三步：确定状态变量及控制方法

一个具体的物理问题通常可以用一组包含问题状态变量边界条件的微分方程式表示，为适合有限元求解，通常将微分方程化为等价的泛函数形式。

第四步：单元推导

对单元构造一个适合的近似解，即推导有限单元的列式，其中包括选择合理的单元坐标系，建立单元试函数，以某种方法给出单元各状态变量的离散关系，从而形成单元矩阵（结构力学中称刚度阵或柔度阵）。为保证问题求解的收敛性，单元推导有许多原则要遵循，对工程应用而言，重要的是应注意每一种单元的解题性能与约束。例如，单元形状应以规则为好，畸形时不仅精度低，而且有缺秩的危险，将导致无法求解。

第五步：总装求解

将单元总装形成离散域的总矩阵方程（联合方程组），反映对近似求解域的离散域的要求，即单元函数的连续性要满足一定的连续条件。总装是在相邻单元结点进行，状态变量及其导数（可能的话）连续性建立在结点处。

第六步：联立方程组求解和结果分析

有限元法最终导致联立方程组。联立方程组的求解可用直接法、迭代法和随机法。求解结果是单元结点处状态变量的近似值。对于计算结果的质量，将通过与设计准则提供的允许值比较来评价并确定是否需要重复计算。

简言之，有限元分析可分成三个阶段：前置处理、计算求解和后置处理。前置处理是建立有限元模型，完成单元网格划分；后置处理则是采集处理分析结果，使用户能简便提取信息、了解计算结果。

2. 变压器铁心内磁场分析

有限元分析方法主要应用于固体力学、流体力学、热传导、电磁学、声学、生物力学等。下面从电磁场的角度利用有限元的思想分析变压器铁心内的各部分损耗。

构建三相三柱式配电变压器模型，铁心材料选用 0.5mm、DW310 型号硅钢片，一、二次绕组匝数比为 25∶1，频率 50Hz，绕组同样采用 Ydn11 联结，为便于分析计算，图 5-9 给出了一片硅钢片横截面示意图。

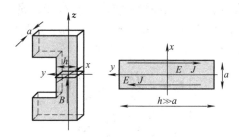

图 5-9　硅钢片横截面示意图

当给绕组加上交流激励后，硅钢片中产生交流磁场，此时外磁场密度 **B** 和磁场强度 **H** 沿 z 方向，交流的磁场在硅钢片横截面中感应出电动势 **E**，从而产生涡流，**J** 为电流密度，硅钢片中电流密度 **J** 和磁场密度 **B** 分布如图 5-10 所示。

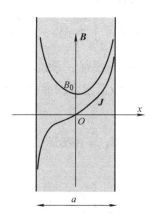

图 5-10　硅钢片电流密度和磁场密度分布示意图

由于硅钢片宽度 h 远大于厚度 a，可近似认为 **E** 和 **H** 仅是 x 的函数，与 y、z 无关。则磁场扩散方程可表示为

$$\frac{\mathrm{d}^2 \boldsymbol{H}_z}{\mathrm{d}x^2} = t^2 \boldsymbol{H}_z \tag{5-34}$$

式中，H_z 为沿 z 方向的磁场强度分量，t 为一常系数，与硅钢片材料导磁性能有关，根据微分方程的求解公式可得式(5-34) 的通解

$$\begin{cases} H_z = C_1 e^{-tx} + C_2 e^{tx} \\ H_z\left(\dfrac{a}{2}\right) = H_z\left(-\dfrac{a}{2}\right) \\ H_z = C \text{ch} tx \\ H_z = \dfrac{B_0}{\mu} \text{ch} tx \end{cases} \tag{5-35}$$

式中，C_1、C_2 为积分常数，由于磁场沿 x 方向对称分布，则 $C_1 = C_2 = C/2$，设硅钢片中心处沿 z 向的磁通密度 $B_z(0) = B_0$，则 $C = B_0/\mu$，μ 为铁心磁导率。

由于 $\nabla \times H = J$，可得

$$\begin{cases} J_y = -\dfrac{\partial H_z}{\partial x} = -\dfrac{B_0 t}{\mu} \text{sh} tx \\ E_y = \dfrac{J_y}{\gamma} = -\dfrac{B_0 t}{\mu\gamma} \text{sh} tx \end{cases} \tag{5-36}$$

式中 γ——电导率；

J_y 和 E_y——沿 y 方向的电流密度和电场强度，在硅钢片厚度 a 很小时，电流密度和电场强度方向相同，没有其他方向的分量，即 $J = J_y$，$E = E_y$。则硅钢片中的涡流损耗可计算为

$$p_e = \int_V J \cdot E \mathrm{d}V = \int_V \frac{J^2}{\gamma} \mathrm{d}V = \int_V \frac{B_0^2 t^2}{\mu^2 \gamma} \text{sh} tx \mathrm{d}V \tag{5-37}$$

磁性材料在交变磁场中存在磁滞损耗，单位体积的铁磁体被交变磁场磁化一周所产生的磁滞损耗正比于磁滞回线所包围的面积，当交变磁场的频率为 f 时，单位体积磁滞损耗密度为

$$W_h = f\oint H \mathrm{d}B \tag{5-38}$$

铁心中总的磁滞损耗为

$$p_h = \int_V W_h \mathrm{d}V \tag{5-39}$$

额外附加损耗主要是漏磁通穿过钢结构件额外产生的损耗，路径比较复杂，数值比较小，只能作粗略地计算

$$p_e = \delta_e U_K^2 \Phi_m^2 \tag{5-40}$$

式中 δ_e——常数，与变压器结构尺寸有关；

U_K——短路阻抗电压，与线圈匝数、绕组漏磁面积、绕组等效电抗高度等有关；

Φ_m——变压器铁心主磁通。

3. 有限元仿真

Ansys 是有限元分析常用的有限元仿真软件，是融结构、流体、电场、磁场、声场分析于一体的大型通用有限元分析软件，由世界上最大的有限元分析软件公司之一的美国 Ansys 开发。它能与多数 CAD 软件接口，如 Pro/Engineer, NAS-TRAN, Alogor, I-DEAS, AutoCAD 等，实现数据的共享和交换，是现代产品设计中的高级 CAE 工具之一。

（1）变压器仿真模型的搭建。目前常用的中小型配电变压器多采用双绕组三相三柱式结构。变压器三维模型可以在 AutoCAD, Solidworks 等专业的绘图软件中完成，绕后再将画好的三维模型导入 Ansys 即可，如图 5-11 所示。三维模型包括铁心柱、铁轭、高低压线圈（双绕组），由于目前不用考虑散热，其余部分均默认为空气。一般中小型配电变压器铁心采用 3~5 级阶数，大型变压器则采用更高的级数。

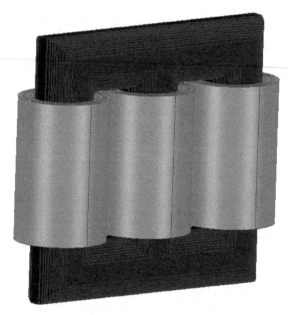

图 5-11　变压器三维模型

由于三维模型计算起来比较复杂，计算周期比较长，所以以二维的模型代替三维模型进行仿真，二维模型如图 5-12 所示。以 200kVA 额定容量、10kV 电压等级的配电变压器为例，二次电压 0.4kV，电压比为 25。铁心尺寸为 1050mm × 700mm × 300mm，铁心材料选用 0.5mm、DW310 型号硅钢片，绕组选用扁铜线。

图 5-12　变压器二维模型

（2）模型剖分。对模型进行剖分就是将其整体按一定单位分割成有限个单元。然后分别对每个单元进行计算分析，最后综合得到结果。由于绕组部分磁场比较密集，所以相对于铁心，绕组的剖分单元比较小，两者都采用内剖分。剖分图如图 5-13 所示。

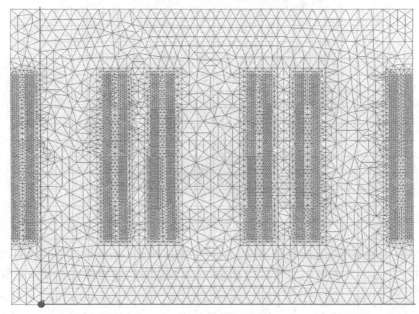

图 5-13　二维剖分图

（3）激励设置。接下来给绕组添加激励。为了调节方便，采用给绕组添加外电路的方式给绕组添加激励，外电路如图 5-14 所示。绕组采用 Ydn11 联结，即一次绕组采用星形联结，二次绕组采用三角形联结。一次绕组通以 10kV 的三相交流电，二次侧接一个很大的电阻，模拟开路，这样计算出来的铁耗即为空载损耗。

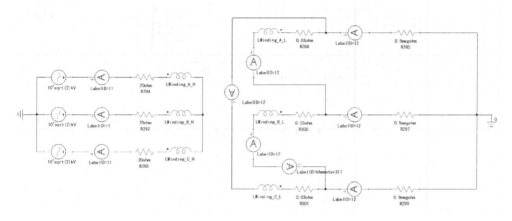

图 5-14 外电路激励

（4）仿真结果。设置好了激励和边界条件后，利用 Ansys 软件自带的场计算器分别计算出配电变压器空载下铁心中的涡流损耗、磁滞损耗和额外附加损耗，三者之和即为变压器铁心总损耗，近似为空载损耗，如图 5-15 所示，计算出额定容量为 200kVA 的配电变压器空载下铁心中各个损耗曲线，可以看出磁滞损耗占据了铁耗的主要部分，在达到稳定磁通密度工作点后，频率接近 100Hz。对于小容量配电变压器，额外附加损耗很小，几乎可以忽略。图 5-16 给出了额定容量分别为 30kVA、100kVA、200 kVA、500kVA 配电变压器空载下铁心损耗的场计算结果，有效值分别为 99.541W、198.772W、345.145W、648.675W，与拟合计算对比见表 5-3，两者结果基本吻合，说明了该方法的可行性和精确性。

表 5-3 空载损耗仿真结果对比

$S_N/(kVA)$	拟合计算值/W	有限元计算值/W	国标值/W
30	100.842	99.541	100
100	202.143	198.772	200
200	347.356	345.145	340
500	684.052	648.675	680

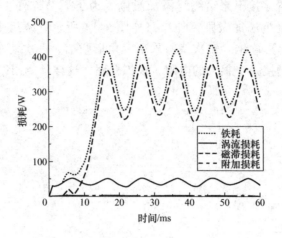

图 5-15　200kVA 配电变压器各损耗计算结果

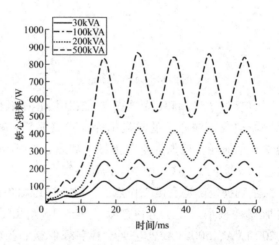

图 5-16　不同容量变压器空载损耗计算结果

5.3.4　误差分析

由图 5-8 和表 5-2 可以看出，额定容量 200kVA 配电变压器的拟合计算值误差相对较大，这是由于变压器的过负载引起的，在所选取的负载点中有超过额定负载电流 $I_{2N} = \dfrac{200}{10\sqrt{3}} \times 25A = 288.675A$ 的过负荷运行点，根据之前对空载损耗精确公式的推导分析来看，当变压器过负载运行时，过大的负载电流会对空载损耗的值产生一定影响，对其测量也就不可避免会产生一定的误差。为了进一步验证

84

理论分析的正确性，在变压器过负荷运行的时候测量出相关数据进行拟合，结果如图 5-17 所示。可以看到拟合出来的空载损耗值为 361.096W，误差达到了 6.2%，标准差也较高，负载损耗值为 $0.03197 \times \left(\dfrac{200}{0.4\sqrt{3}}\right)^2 W = 2661.7W$，影响不大。由此可以看出在变压器过负荷运行的情况下，过大的负载电流会引起空载损耗值的变化，空载损耗将不能被看作不变损耗。

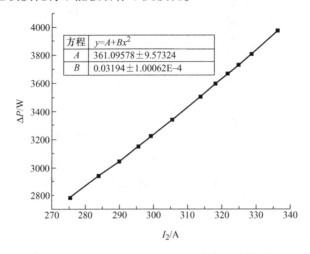

图 5-17　200kVA 配电变压器过负荷拟合结果

考虑到配电变压器实际运行过程中负荷的变化，过负荷时二次侧电流产生的电压降过大会对空载损耗的拟合计算造成很大误差，如表 5-2 中 200kVA 配电变压器，过负荷运行状态下的数据导致拟合结果精确度降低。通过磁场计算可以较好地计算出负载特性所带来的误差，如图 5-18 所示，分别计算出带半载，额定负载和过载情况下的铁心损耗相较于空载时的误差倍数，可以看出随着负载增大，误

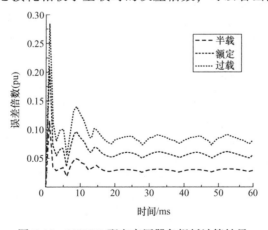

图 5-18　200kVA 配电变压器各损耗计算结果

差也随之增大，印证了误差来源，图 5-19 中谐波分析也可以得到同样的规律，另外可以看出直流分量和二次谐波较大，三次以上谐波基本没有，再一次验证了拟合多项式的正确性。

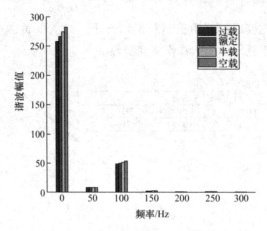

图 5-19　不同容量变压器空载损耗计算结果

第6章
配电变压器额定容量的在线检测

本章包括两个主要内容：配电变压器额定容量及其在线检测的意义；配电变压器额定容量的在线检测方法。

6.1 额定容量计算

6.1.1 定义

变压器额定容量是指变压器带额定负载时输入到变压器的视在功率值（包括变压器本身吸收的有功功率和无功功率），表征变压器传输电能的能力。数值上等于变压器分接开关位于主分接时，额定满载电压、额定电流与相数的乘积。对三相变压器而言，额定总容量 = 3 × 额定相电压 × 相电流，额定容量一般以 kVA 或 MVA 表示。额定容量是在规定的整个正常使用寿命期间如 30 年内，所能连续输出的最大容量。而实际输出容量为有负载时的电压（感性负载时，负载时电压小于额定空载电压）、额定电流与相应系数的乘积。选择容量时应按照相应的标准（GB/T 6451—2015、GB/T 10228—2015、JB/T 2426—2016、JB/T 10317—2014 或 JB/T 10318—2017），尽量采用 GB/T 321—2005 中的 R10 优先系数。

变压器铭牌上规定的容量就是其额定容量，及在额定电压、额定电流连续运行时所输送的容量。变压器可以短时间过载运行，与过载倍数和环境情况有关。

对无载调压变压器而言，在 −5% 的分接位置时，可输出额定容量，低于 −5% 的分接位置时要降低输出容量；对有载调压变压器而言，一般制造厂都规定在 −10% 分接位置时仍可输出额定容量，低于 −10% 分接位置时降低额定容量，以上都是对恒磁通调压电力变压器或配电变压器而言。对变磁通调压电炉变压器或整流变压器而言，额定容量是指最大输出容量，多数分接位置下输出容量都小于额定容量。

在实际运行时，变压器还有一个负载能力，负载能力是指变压器在一定时间间隔内所能够输出的实际容量值，这个容量值由变压器的运行条件而决定，或者由是否损害其正常使用寿命、是否增加其绝缘的自然老化、是否危及变压器的安全运行而决定。负载能力可以超过额定容量，但是负载能力有一上限值，即绕组热点温度不能超过 140℃，超过 140℃时会使绕组热点温度附近的油分解出气体，影响安全运行。绕组热点温度超过 98℃时会影响变压器使用寿命。

实际运行中变压器的实际负载能力可能超过额定容量，但要保证绕组热点温度不能超过 140℃。在超额定容量运行时，负载损耗要比额定负载损耗高得多。输出电压也可能降低，负载效率差。

三绕组变压器的额定容量一般以百分数表示每个绕组的额定容量，如 100%/100%/100% 是指每个绕组都能达到额定容量，100%/100%/60% 是指低压绕组只能达到 60% 额定容量。

自耦变压器的输出容量中仅有部分是属于电磁感应过去的容量，一部分输出容量是直接通过的。其低压绕组一般都达不到额定容量，如以 100%/100%/50% 表示时，低压绕组只能达 50% 额定容量。

1. 相关术语定义

工作容量：承担系统日最大负荷的容量。以承担系统设计水平年中最大负荷日的容量为最大工作容量。

备用容量：为确保电力系统安全可靠供电，设置作为备用的装机容量。按其用途可分为负荷备用容量和检修备用容量。

负荷备用容量：为防止电力系统由于瞬时负荷波动变化导致频率失常而设置的备用容量。

检修备用容量：电力系统中部分机组检修时用以维持正常供电所设置的备用容量。计划性停机检修应安排在系统负荷低落时进行，以减少专设的检修备用容量。

必需容量：保证电力系统正常供电所必需装置的容量。为最大工作容量与备用容量之和。

2. 变压器铭牌

变压器铭牌上的额定容量是制造厂所规定的额定工作状态（即在额定电压、额定频率、额定使用条件下的工作状态）下变压器输出的视在功率以 S_N 表示。额定容量通常是指高压绕组的容量，单位为 VA 或 kVA。对三相变压器而言，指三相总的容量。

无论是油浸式变压器、干式变压器还是箱式变压器，每台变压器出厂的时候厂家都会给变压器打上铭牌，在变压器的使用过程中一般不能超过这个容量，否则会对变压器造成损伤。所以先了解变压器铭牌上的额定容量非常必要，可以避免选购过大的变压器造成"大马拉小车"的现象，或者又因为选购变压器容量太小而导致不能正常使用。

　　标注在变压器铭牌上的主要技术数据，主要包括：额定容量、额定电压及其分接、额定频率、绕组联结组以及额定性能数据（阻抗电压、空载电流、空载损耗和负载损耗）和总质量（见图6-1和图6-2）。

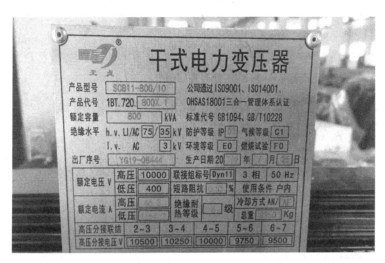

图6-1　干式电力变压器铭牌

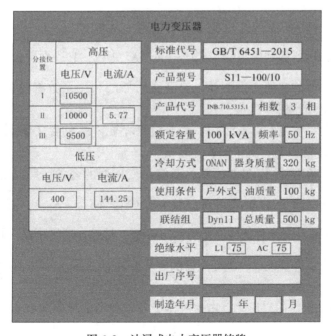

图6-2　油浸式电力变压器铭牌

6.1.2　额定容量的计算

从变压器的基本原理可以写出以下关系式（前面都有介绍过）

$$\begin{cases} S_N = mUI \\ U \approx E = \sqrt{2}\,\pi f N \Phi_m \\ \Phi_m = \dfrac{\pi}{4} D^2 K_D B_m \\ I = AH/N \end{cases} \tag{6-1}$$

式中　N——每相串联匝数；

　　　I——相电流；

　　　K_D——铁心柱有效截面积与由铁心柱直径 D 决定的圆面积之比；

　　　A——线负荷；

　　　B_m——铁心柱磁通密度最大值；

　　　m——相数；

　　　H——绕组轴向高度。

综合上述方程组可得

$$D^2 H = \frac{4 S_N}{\sqrt{2}\,\pi^2 K_D f A B_m} = \frac{S_Z}{K_T} \tag{6-2}$$

式中　K_T——变压器的利用系数，$K_T = \dfrac{\sqrt{2}}{4} m \pi^2 K_D f A B_m$，它表示单位有效体积转换

　　　　　功率的数值，很明显，提高变压器的利用系数将受到电磁负荷 A、

　　　　　B_m 的限制。

　　　S_Z——每柱容量，$S_Z = S_N/m$，最普遍的情况下 S_Z 的含义是变压器计算容量

　　　　　S_N' 除以套有绕组的铁心数 m。

变压器的计算容量 S_N' 是指折算为双绕组变压器的容量。所以对于双绕组变

压器：$S_N' = S_N$；对于三绕组变压器：$S_N' = \dfrac{1}{2}(S_{1N} + S_{2N} + S_{3N})$，其中 S_{1N}、S_{2N}、

S_{3N} 分别表示高压、中压和低压绕组的额定容量；对于自耦变压器，其计算容量为

普通接法时的计算容量乘以自耦变压器的效益系数 $K_S = \dfrac{U_1 - U_2}{U_1} = 1 - \dfrac{1}{K}$，其中 $K =$

$\dfrac{N_1}{N_2} \approx \dfrac{U_1}{U_2}$ 为普通变压器的电压比。由此可得出各种类型变压器每柱容量与额定容量

的关系见表 6-1。

表6-1 每柱容量与额定容量的关系

相　　数	变压器类别				
	双绕组	三绕组		双绕组自耦	三绕组自耦
		容量比 100/100/100	容量比 100/100/50		容量比 100/100/100
单相两柱（$m=2$）	$\dfrac{S_N}{2}$	$\dfrac{3}{4}S_N$	$\dfrac{5}{8}S_N$	$\dfrac{1}{2}S_N K_S$	$\dfrac{3}{4}S_N K_S$
三相三（五）柱（$m=3$）	$\dfrac{S_N}{3}$	$\dfrac{1}{2}S_N$	$\dfrac{5}{12}S_N$	$\dfrac{1}{3}S_N K_S$	$\dfrac{1}{2}S_N K_S$

铁心柱截面常为有限级数的阶梯形，其面积永远小于直径 D 所限定的圆面积。同时铁心的叠片间有绝缘膜或氧化膜，使有效铁心截面积进一步减小，采用系数 K_J 和叠压系数 K_{Fe} 来考虑这两个因素，于是铁心有效截面系数为

$$K_D = K_J K_{Fe} \tag{6-3}$$

叠压系数 K_{Fe} 主要与硅钢片的材质、厚度以及叠片绝缘有关。用于制造变压器铁心的硅钢片厚度一般为 $0.2 \sim 0.35mm$，对于厚 $0.3mm$ 且涂漆绝缘的热轧硅钢片，$K_{Fe}=0.91 \sim 0.92$；冷轧硅钢片有漆膜绝缘时 $K_{Fe}=0.92 \sim 0.93$，无漆膜时 $K_{Fe}=0.94 \sim 0.96$。

系数 K_J 的大小与铁心直径大小、与采用阶梯的级数以及铁心中油道数有关。级数选用越多，K_J 值越大，如将每片厚度作为一级，则 $K_J=1$，如只取一级，即铁心截面积的几何图形为圆的内接正方形，那么 $K_J = \dfrac{2}{\pi}$，所以 K_J 在 $1 \sim 0.64$ 范围内变化。增加级数导致叠片的尺寸种类增加，相应的加工与装配工时也将增大。可供选择的铁心级数见表6-2。线负荷 A 与变压器的容量、绕组型式和冷却方式有关，初步设计时可参考表6-3。

表6-2 铁心级数及油道选用参考依据

铁心直径/mm	80～90	95～120	125～195	200～265	270～390	400～500	520～880
级数	5	6	7	8，9，10	11	12	13～16
系数 K_J	0.897	0.916	0.93	0.935	0.945	0.938	0.92
油道数	0					1	2

表6-3 油浸式变压器线负荷 A 选用范围

容量 $S/(kVA)$	线负荷 $A/(A/m)$
100～500	$(285 \sim 385) \times 10^2$
630～5000	$(425 \sim 620) \times 10^2$
6300～63000	$(665 \sim 930) \times 10^2$

注：表中数据是对铜线绕组而言，铝线绕组在此基础上乘以 0.7。

铁心柱最大磁通密度 B_m 的选择，关系到变压器的主要技术经济性能指标。由于铁磁材料的饱和特性，如果 B_m 的选取值过高，将导致变压器的空载损耗、空载电流、噪声以及空载合闸电流过大；然而如选取值过低，则使变压器的铁心和绕组的材料消耗量增多，导致变压器的重量和制造成本也将相应增加。经验证明：对于油浸式变压器，采用热轧硅钢片时，B_m 取 1.4 ~ 1.45T，冷轧硅钢片取 1.6 ~ 1.73T 较为合适（容量大的取高限）。

变压器容量与其铁心直径的简化经验关系式为

$$D = K_Z \sqrt[4]{S_Z} \tag{6-4}$$

系数 K_Z 对冷轧硅钢片铜线变压器取 $(9.6 \sim 10.6) \times 10^{-3} \mathrm{m} \cdot (\mathrm{VA})^{-\frac{1}{4}}$，铝线取 $(8.9 \sim 9.9) \times 10^{-3} \mathrm{m} \cdot (\mathrm{VA})^{-\frac{1}{4}}$；对热轧硅钢片铜线变压器取 $(10.8 \sim 12) \times 10^{-3} \mathrm{m} \cdot (\mathrm{VA})^{-\frac{1}{4}}$，铝线取 $(9.6 \sim 10.6) \times 10^{-3} \mathrm{m} \cdot (\mathrm{VA})^{-\frac{1}{4}}$。

6.2 额定容量的在线检测

配电变压器额定容量在国标中是与其空载电流百分数、短路阻抗百分数、空载损耗以及额定负载损耗一一对应的（见图6-3）。一台合格出厂的标准配电变压器，其额定容量一定，那么其他相关参数也已经确定，所以对配电变压器额定容量的在线检测只需要检测出对应国标上的参数，然后即可确定对应的额定容量。

比如按照第3章中的在线检测方法计算出了该配电变压器的短路阻抗，然后对照国标选定一个合理额定容量范围内的短路阻抗百分数，按照下式即可得到该配变的额定容量值。

$$S_N = \frac{U_K\% U_N^2}{Z_K} \tag{6-5}$$

然而有些情况比如用在特殊场合的特种变压器，其技术参数指标不一定按照国家标准来设计，某些参数会有变化；或者某些变压器厂家或用户为达到某种目的私自改变其技术参数。在这些情况下还用上述检测方法来判断变压器的额定容量显然是不行的。

为实现上述功能，利用 Matlab/Simulink 搭建仿真系统，如图6-4所示，除了主线路和测量装置以外，还包括短路阻抗计算模块（short circuit impedance calculation）、空载电流计算模块（no load current calculation）、空载损耗和额定负载损耗计算模块（no-load loss and load loss calculation）。每个模块计算出的每个参数都可以作为判断额定容量的参考依据，然而单一参数会大大增加判断的不确定性，所以需要将每个参数都计算出来综合判断该配电变压器的额定容量。这样就可以大

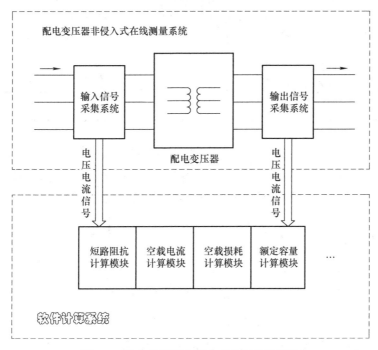

图6-3 配电变压器非侵入式在线检测系统

大提升额定容量检测的准确性，同时也能实时监测变压器运行过程中其他技术参数的变化情况，有效预防变压器内部故障的发生。

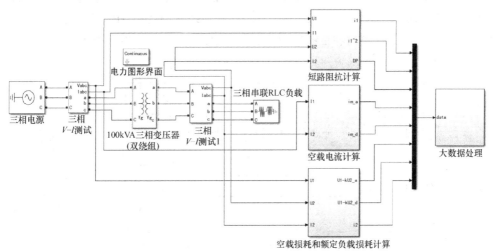

图6-4 配电变压器额定容量在线检测仿真模型

短路阻抗计算模块如图6-5所示，采集一次侧和二次侧电压电流，经过处理后按照第3章中的数据拟合法进行拟合计算可在线检测出该配电变压器短路阻抗值。

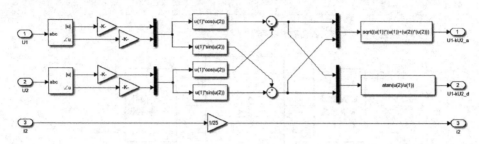

图 6-5   短路阻抗计算模块

空载电流计算模块如图 6-6 所示，采集一、二次电流，经过处理后按照第 7 章中的检测方法即可在线检测出该配电变压器空载电流值及其相位。

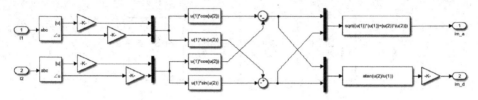

图 6-6   空载电流计算模块

空载损耗和额定负载损耗计算模块如图 6-7 所示，采集一、二次电压和电流，经过处理后按照 5.3 节中的检测方法即可在线检测出该配电变压器空载损耗及额定负载损耗值。

在计算出以上四个主要技术参数后，依照国标中对不同类型配电变压器技术参数规范先确定配变的能效等级是属于 S11 型、S13 型还是 SH15 型；然后再根据空载损耗、额定负载损耗、空载电流的计算值大致确定一个容量范围；最后再根

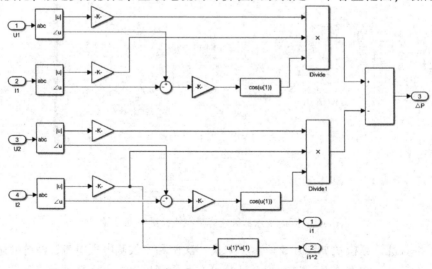

图 6-7   空载损耗和额定负载损耗计算模块

据短路阻抗确定最终的额定容量值。

额定容量的在线检测实际上就是综合上面几章提到的几个参数的在线检测，只要计算出了这几个参数，该配电变压器的额定容量就不难得到。该方法相对于单一参数的判断方法，具有合理性和精确性，更便于理解变压器各个参数之间的关系。

比如某台 10kV 三相双绕组配电变压器。经测量其空载损耗为 202W，额定负载损耗为 1533W，空载电流约为 0.063A，短路阻抗为 39.677Ω。先由空载损耗值确定该配电变压器为 S11 型，再根据额定负载损耗初步确定该配变的额定容量范围在 100kVA 左右，暂定 80kVA、100 kVA、125 kVA 三个待定容量，最后分别取这三个容量对应的额定电流值和短路阻抗百分数，结合在线检测出的空载电流与短路阻抗反过来推该容量是否合理。最终可综合确定该配变的额定容量为 100kVA。

表 6-4 ~ 表 6-11 例举了几种不同能效等级的常用油浸式和干式配电变压器的国标技术参数。

表 6-4　10kV 级 S11 型三相双绕组无励磁调压油浸式配电变压器技术数据

产品型号	额定容量/（kVA）	电压组合及分接范围			空载损耗/kW	额定负载损耗/kW	空载电流（%）	短路阻抗（%）
		高压/kV	高压分接范围（%）	低压/kV				
S11 - M - 10/10	10				0.055	0.36	2.0	
S11 - M - 20/10	20				0.075	0.45	1.7	
S11 - M - 30/10	30				0.1	0.60	1.5	
S11 - M - 50/10	50				0.13	0.87	1.3	
S11 - M - 63/10	63				0.15	1.04	1.2	
S11 - M - 80/10	80				0.18	1.25	1.2	
S11 - M - 100/10	100				0.2	1.5	1.1	
S11 - M - 125/10	125	6 6.3 10 10.5 11	±5 ±5×2.5	0.4	0.24	1.8	1.1	4.0
S11 - M - 160/10	160				0.28	2.2	1.0	
S11 - M - 200/10	200				0.34	2.6	1.0	
S11 - M - 250/10	250				0.4	3.05	0.9	
S11 - M - 315/10	315				0.48	3.65	0.9	
S11 - M - 400/10	400				0.57	4.3	0.8	
S11 - M - 500/10	500				0.68	5.15	0.8	
S11 - M - 630/10	630				0.81	6.2	0.6	
S11 - M - 800/10	800				0.98	7.5	0.6	
S11 - M - 1000/10	1000				1.15	10.3	0.6	4.5
S11 - M - 1250/10	1250				1.36	12	0.5	
S11 - M - 1600/10	1600				1.64	14.5	0.5	
S11 - M - 2000/10	2000				2.1	17.1	0.4	

表 6-5　10kV 级 S13 型三相双绕组无励磁调压油浸式配电变压器技术数据

产品型号	额定容量/（kVA）	电压组合及分接范围			空载损耗/kW	额定负载损耗/kW	空载电流（%）	短路阻抗（%）
		高压/kV	高压分接范围（%）	低压/kV				
S13 - M - 30/10	30				0.08	0.6	1.4	
S13 - M - 50/10	50				0.1	0.87	1.2	
S13 - M - 63/10	63				0.11	1.04	1.1	
S13 - M - 80/10	80				0.13	1.25	1.1	
S13 - M - 100/10	100				0.15	1.5	1.0	
S13 - M - 125/10	125				0.17	1.8	1.0	
S13 - M - 160/10	160				0.2	2.2	0.9	4.0
S13 - M - 200/10	200	11 10.5 10 6.3 6	±2×2.5 ±5	0.4	0.24	2.6	0.9	
S13 - M - 250/10	250				0.29	3.05	0.8	
S13 - M - 315/10	315				0.34	3.65	0.8	
S13 - M - 400/10	400				0.41	4.3	0.7	
S13 - M - 500/10	500				0.48	5.15	0.7	
S13 - M - 630/10	630				0.57	6.2	0.6	
S13 - M - 800/10	800				0.7	7.5	0.5	
S13 - M - 1000/10	1000				0.83	10.3	0.5	4.5
S13 - M - 1250/10	1250				0.97	12	0.4	
S13 - M - 1600/10	1600				1.17	14.5	0.4	

表 6-6　10kV 级 SH15 型三相双绕组无励磁调压油浸式配电变压器技术数据

产品型号	额定容量/（kVA）	电压组合及分接范围			空载损耗/kW	额定负载损耗/kW	空载电流（%）	短路阻抗（%）
		高压/kV	高压分接范围（%）	低压/kV				
SH15 - M - 30/10	30				0.033	0.60	1.3	
SH15 - M - 50/10	50				0.043	0.87	1.1	
SH15 - M - 63/10	63				0.05	1.04	1.0	
SH15 - M - 80/10	80				0.06	1.25	1.0	
SH15 - M - 100/10	100	11 10.5 10 6.3 6	±2×2.5 ±5	0.4	0.075	1.5	0.9	4.0
SH15 - M - 125/10	125				0.085	1.8	0.9	
SH15 - M - 160/10	160				0.1	2.2	0.8	
SH15 - M - 200/10	200				0.12	2.6	0.8	
SH15 - M - 250/10	250				0.14	3.05	0.8	
SH15 - M - 315/10	315				0.17	3.65	0.7	
SH15 - M - 400/10	400				0.2	4.3	0.7	
SH15 - M - 500/10	500				0.24	5.15	0.6	

（续）

产品型号	额定容量/ (kVA)	电压组合及分接范围			空载损耗 /kW	额定负载 损耗/kW	空载电流 (%)	短路阻抗 (%)
		高压 /kV	高压分接范围 (%)	低压 /kV				
SH15 - M - 630/10	630				0.32	6.2	0.6	
SH15 - M - 800/10	800				0.38	7.5	0.5	
SH15 - M - 1000/10	1000	11 10.5			0.45	10.3	0.5	
SH15 - M - 1250/10	1250	10	±2×2.5 ±5	0.4	0.53	12	0.3	4.5
SH15 - M - 1600/10	1600	6.3			0.63	14.5	0.3	
SH15 - M - 2000/10	2000	6			0.75	17.1	0.2	
SH15 - M - 2500/10	2500				0.9	21.2	0.2	

表6-7　35kV级S11型三相双绕组无励磁调压油浸式配电变压器技术数据

产品型号	额定容量/ (kVA)	电压组合及分接范围			空载损耗 /kW	额定负载 损耗/kW	空载电流 (%)	短路阻抗 (%)
		高压 /kV	高压分接范围 (%)	低压 /kV				
S11 - M - 50/10	30				0.16	0.36	1.5	
S11 - M - 100/10	80				0.23	0.87	1.2	
S11 - M - 125/10	100				0.27	1.04	1.1	
S11 - M - 160/10	125				0.28	1.25	1.1	
S11 - M - 200/10	160				0.34	1.5	1.0	
S11 - M - 250/10	200				0.40	1.8	1.0	4.0
S11 - M - 315/10	250				0.48	2.2	0.9	
S11 - M - 400/10	315	35 38.5	±2×2.5 ±5	0.4	0.58	2.6	0.9	
S11 - M - 500/10	400				0.68	3.05	0.8	
S11 - M - 630/10	500				0.83	3.65	0.8	
S11 - M - 800/10	630				0.98	4.3	0.6	
S11 - M - 1000/10	800				1.15	5.15	0.6	
S11 - M - 1250/10	1000				1.40	6.2	0.6	
S11 - M - 1600/10	1250				1.69	7.5	0.5	4.5
S11 - M - 2000/10	1600				1.99	10.3	0.5	
S11 - M - 50/10	2000				2.36	18.3	0.4	

表6-8 10kV级SCB10型F级三相双绕组无励磁调压干式配电变压器技术数据

产品型号	额定容量/（kVA）	电压组合及分接范围			空载损耗/kW	额定负载损耗/kW		空载电流（%）	短路阻抗（%）
		高压/kV	高压分接范围（%）	低压/kV		120℃	75℃		
SC10−30/10	30				0.19	0.82	0.72	2.3	
SC10−50/10	50				0.27	1.0	0.875	2.3	
SC10−80/10	80				0.37	1.38	1.205	2.3	
SC10−100/10	100				0.4	1.57	1.37	1.6	
SC10−125/10	125				0.47	1.85	1.615	1.6	
SC10−160/10	160				0.55	2.13	1.86	1.6	4.0
SC10−200/10	200	11 10.5 10 6.3 6	±2×2.5 ±5	0.4	0.63	2.53	2.21	1.6	
SC10−250/10	250				0.72	2.76	2.41	1.3	
SC10−315/10	315				0.88	3.47	3.03	1.3	
SC10−400/10	400				0.98	3.99	3.485	1.0	
SC10−500/10	500				1.16	4.88	4.26	1.0	
SC10−630/10	630				1.3	5.96	5.205	1.0	
SC10−800/10	800				1.52	6.96	6.08	0.8	
SC10−1000/10	1000				1.77	8.13	7.1	0.8	6.0
SC10−1250/10	1250				2.09	9.69	8.46	0.8	
SC10−1600/10	1600				2.45	11.73	10.24	0.8	
SC10−2000/10	2000				3.32	14.45	12.62	0.6	

表6-9 10kV级SCB11型F级三相双绕组无励磁调压干式配电变压器技术数据

产品型号	额定容量/（kVA）	电压组合及分接范围			空载损耗/kW	额定负载损耗/kW		空载电流（%）	短路阻抗（%）
		高压/kV	高压分接范围（%）	低压/kV		120℃	75℃		
SC11−30/10	30				0.17	0.71	0.62	1.8	
SC11−50/10	50				0.24	1.0	0.875	1.8	
SC11−80/10	80				0.33	1.38	1.205	1.8	
SC11−100/10	100	11 10.5 10 6.3 6	±2×2.5 ±5	0.4	0.36	1.57	1.37	1.4	
SC11−125/10	125				0.42	1.85	1.615	1.4	
SC11−160/10	160				0.48	2.13	1.86	1.4	4.0
SC11−200/10	200				0.56	2.53	2.21	1.4	
SC11−250/10	250				0.64	2.76	2.41	1.2	
SC11−315/10	315				0.79	3.47	3.03	1.2	
SC11−400/10	400				0.88	3.99	3.485	1.0	
SC11−500/10	500				1.04	4.88	4.26	1.0	

（续）

产品型号	额定容量/（kVA）	电压组合及分接范围			空载损耗/kW	额定负载损耗/kW		空载电流（%）	短路阻抗（%）
		高压/kV	高压分接范围（%）	低压/kV		120℃	75℃		
SC11－630/10	630	11 10.5 10 6.3 6	±2×2.5 ±5	0.4	1.16	5.96	5.205	1.0	6.0
SC11－800/10	800				1.36	6.96	6.08	0.8	
SC11－1000/10	1000				1.59	8.13	7.1	0.8	
SC11－1250/10	1250				1.88	9.69	8.46	0.8	
SC11－1600/10	1600				2.2	11.73	10.24	0.8	
SC11－2000/10	2000				2.72	14.45	12.62	0.6	

表6-10　10kV 级 SCB13 型 F 级三相双绕组无励磁调压干式配电变压器技术数据

产品型号	额定容量/（kVA）	电压组合及分接范围			空载损耗/kW	额定负载损耗/kW		空载电流（%）	短路阻抗（%）
		高压/kV	高压分接范围（%）	低压/kV		120℃	75℃		
SC13－30/10	30	11 10.5 10 6.3 6	±2×2.5 ±5	0.4	0.135	0.64	0.56	1.8	4.0
SC13－50/10	50				0.195	0.9	0.79	1.8	
SC13－80/10	80				0.265	1.24	1.08	1.8	
SC13－100/10	100				0.29	1.415	1.235	1.8	
SC13－125/10	125				0.34	1.665	1.455	1.8	
SC13－160/10	160				0.385	1.915	1.67	1.8	
SC13－200/10	200				0.445	2.275	1.99	1.4	
SC13－250/10	250				0.515	2.485	2.17	1.4	
SC13－315/10	315				0.635	3.125	2.73	1.2	
SC13－400/10	400				0.705	3.59	3.135	1.2	
SC13－500/10	500				0.835	4.39	3.835	1.0	
SC13－630/10	630				0.935	5.365	4.685	0.8	6.0
SC13－800/10	800				1.095	6.265	5.47	0.8	
SC13－1000/10	1000				1.275	7.315	6.385	0.8	
SC13－1250/10	1250				1.505	8.72	7.615	0.8	
SC13－1600/10	1600				1.765	10.555	9.215	0.8	
SC13－2000/10	2000				2.195	13.005	11.355	0.6	

表 6-11　35kV 级 SCB10 型 F 级三相双绕组无励磁调压干式配电变压器技术数据

产品型号	额定容量/（kVA）	电压组合及分接范围			空载损耗/kW	额定负载损耗/kW		空载电流（%）	短路阻抗（%）
		高压/kV	高压分接范围（%）	低压/kV		120℃	75℃		
SC10－50/35	50				0.5	1.5	1.31		
SC10－100/35	100				0.7	2.2	1.92		
SC10－160/35	160				0.88	2.96	2.58		
SC10－200/35	200				0.98	3.5	3.06		
SC10－250/35	250				1.1	4.0	3.49		
SC10－315/35	315				1.31	4.75	4.15		
SC10－400/35	400	35～38.5	±2×2.5 ±5	0.4	1.53	5.7	4.98		6.0
SC10－500/35	500				1.8	7.0	6.11		
SC10－630/35	630				2.07	8.1	7.07		
SC10－800/35	800				2.4	9.6	8.38		
SC10－1000/35	1000				2.7	11.0	9.61		
SC10－1250/35	1250				3.15	13.4	11.70		
SC10－1600/35	1600				3.6	16.3	14.23		
SC10－2000/35	2000				4.25	19.2	16.77		

第7章
配电变压器无功损耗的在线检测

本章包括两项内容：配电变压器无功损耗的计算及对电力部门的意义；配电变压器无功损耗的在线检测方法。

7.1 无功损耗的计算

7.1.1 无功的定义

无功是无功类设备（电感、电容）与电网进行能量交换的速率。应强调的是交换的速率，而不是交换过程中的损耗，即在交换过程中由于漏磁、介质损耗等能量的损失并不属于无功，这些是因无功过程中引起的有功损耗。通俗地说在电网中当电流通过负荷时，会产生机械运动、光、热能等其他能量的表现，这实际上电能转换成机械能、光成与热能等。这种转换速率称为有功，转换的结果就是电能的消耗。而有些特殊的设备（如电抗器、电容器），当电流流过它们时，在半个周期内，电能会转变成磁能或场能等形式，但在后半个周期内，这些能量会转变回电能并反送回电网，因此从整个周期来看，设备没有从电网中吸收任何电能，只是不断地作能量交换（是交换而不是转变）；为计算交换的速率，因此定义无功这个概念，这类设备就是无功负荷。

无功是能量交换的速率，本身并不产生损耗，常说的无用功损耗等，实际上很多是属于有功，因为它是把电能转为热能或机械能等。但无功负荷在能量交换过程中必然带来有功损耗，而且负荷与电源的距离越远则损耗越大，并且会占用大量的线路输送能力。为了减小这方面的损失，就要在具有无功负荷的电路中加装无功补偿装置以减少无功功率在电路中的传输。

7.1.2 无功损耗的计算

已知变压器的有功损耗包括：有功不变损耗（铁损）和有功可变损耗

（铜耗）：

$$\Delta P = P_0 + \beta^2 P_K \tag{7-1}$$

变压器的无功损耗同样包括：无功不变损耗和无功可变损耗二部分

$$\Delta Q = Q_0 + \beta_Q^2 Q_K \tag{7-2}$$

其中无功不变损耗计算公式为

$$
\begin{aligned}
Q_0 &= U_1 I_0 \sin\varphi_0 \\
&= U_1 I_1 (I_0/I_1) \sin\varphi_0 \\
&= S_N I_0\% \sin\varphi_0 \\
&= S_N I_0\% \sqrt{1 - \cos^2\varphi_0} \\
&= \sqrt{(S_N I_0\%)^2 - (S_N I_0\% \cos\varphi_0)^2} \\
&= \sqrt{(S_N I_0\%)^2 - (P_0)^2}
\end{aligned} \tag{7-3}
$$

无功可变损耗计算公式为

$$
\begin{aligned}
Q_K &= U_K I_1 \sin\varphi_1 \\
&= (U_K/U_1) U_1 I_1 \sin\varphi_1 \\
&= U_K\% S_N \sin\varphi_1 \\
&= U_K\% S_N \sqrt{1 - \cos^2\varphi_1} \\
&= \sqrt{(U_K\% S_N)^2 - (U_K\% S_N \cos\varphi_1)^2} \\
&= \sqrt{(U_K\% S_N)^2 - (P_K)^2}
\end{aligned} \tag{7-4}
$$

则变压器总的无功损耗可表示为

$$
\begin{aligned}
\Delta Q &= Q_0 + \beta_Q^2 Q_K \\
&= \sqrt{(S_N I_0\%)^2 - (P_0)^2} + \beta_Q^2 \sqrt{(U_K\% S_N)^2 - P_K^2}
\end{aligned} \tag{7-5}
$$

式中 β_Q ——变压器负载率，$\beta_Q = \dfrac{\sqrt{P^2 + Q^2}}{S_N}$；

P，Q ——变压器所带有功和无功负荷；

S_N ——额定容量；

$I_0\%$ ——空载电流百分数；

P_0 ——空载损耗；

$U_K\%$ ——短路阻抗百分数；

P_K ——额定负载损耗。

在考核用户的功率因数时，通常是考核变压器一次侧的功率因数值，即变压器消耗的有功和无功电量也参与功率因数的计算。如果是高压计量的用户，变压器消耗的有功和无功电量已经走表，这时按电能表抄见电量计算的功率因数值即为一次功率因数；如果是低压计量用户，则应将电能表的抄见电量加上变压器消耗的有功和无功电量计算出的功率因数值为一次功率因数。计量方式对计算功率因数没有影响，而对一次功率因数有影响的是变压器的负载率和负荷的功率因数。负载率越低，对一次功率因数影响就越大，反之越小。负载率是由生产用电状况所决定的，而负荷功率因数是可以通过电容器补偿提高的。要讨论的是当变压器的二次负荷即电容器补偿后，二次功率因数已达到 0.95以上时，由于变压器的负载率低，造成的变压器的无功消耗对一次功率因数的影响。

电力公司为了避免线路上的无功过大导致线损增加，在电费中加收了利率调整电费，故而增加无功补偿装置、提高功率因数可减少电费支出。所以合理地选择补偿装置，可以做到减少电网的损耗，提高电能质量。

7.2　无功损耗的在线检测

变压器中的无功功率损耗分两部分，即励磁支路（空载不变损耗）和绕组支路中损耗（负载可变损耗）。其中，励磁支路损耗的百分数基本上等于空载电流的百分数，约为 1% ~ 2%；绕组漏抗中损耗在变压器满载时，基本上等于短路电压的百分数，约为 10%。因此，对一台变压器或一级变压的网络而言，变压器中的无功功率损耗并不大，满载时约为它额定容量的百分之十几。相对多电压级网络，变压器中的无功功率损耗就相当可观。以一个五级变压器的网络为例，设电厂中10kV/200kV 升压，网络中 220kV/110kV、110kV/35kV、35kV/10kV、10kV/0.4kV降压至用户，典型计算的结果表明系统中变压器的无功功率损耗占相当大比例，较有功功率损耗大得多。

由上述无功损耗计算公式可知变压器无功损耗与其空载电流、短路阻抗、空载损耗、负载损耗以及额定容量都有关，可以说是由这几个参数共同决定的，其关系如图 7-1 所示。所以变压器无功损耗的在线检测就是上述这些主要技术参数的在线检测。

某 10kV 油浸式变压器由于铭牌丢失，其主要技术参数和容量都未知。现通过采集其一、二次输入、输出电压和电流数据，通过以上方法在线检测出了该变压器短路阻抗约为 4.427Ω，空载电流约为 0.346A，空载损耗为 1216.8W，额定负载损耗为 1086.8W。如何确定该变压器的额定容量和无功损耗？

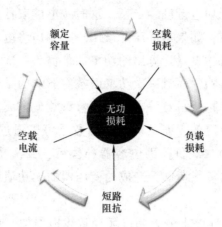

图 7-1 空载损耗和额定负载损耗计算模块

（1）首先根据短路阻抗在线检测值计算出该变压器的近似额定容量。取常见的阻抗电压百分数 4% 和 4.5% 计算出两个容量待定值。计算如下：

$$S_{N4.5\%} = \frac{U_K\% U_N^2}{Z_K} = \frac{4.5\% \times (10 \times 10^3)^2}{4.427} VA$$

$$\approx 1016 kVA \tag{7-6}$$

$$S_{N4\%} = \frac{U_K\% U_N^2}{Z_K} = \frac{4\% \times (10 \times 10^3)^2}{4.427} VA$$

$$\approx 904 kVA \tag{7-7}$$

（2）然后根据空载损耗在线检测值找到对应的容量同时确定能效等级。检测出的空载损耗值为 1216.8，对应最接近的型号为 S11 型 1000kVA 双绕组无励磁调压变压器。该型号变压器国标值空载电流百分数为 0.6%；阻抗电压百分数为 4.5%；空载损耗为 1150W；额定负载损耗为 1030W。

（3）然后根据额定容量得到变压器额定电流，从而得到该变压器的额定负载损耗以及空载电流百分数，同在线检测值对比。

额定电流为
$$I_{1N} = \frac{S_N}{\sqrt{3}\, U_{1N}} = 57.735 A \tag{7-8}$$

空载电流百分数为
$$I_0\% = \frac{I_0}{I_{1N}} \times 100\% = 0.599\% \tag{7-9}$$

额定负载损耗为
$$I_0\% = \frac{I_0}{I_{1N}} \times 100\% = 0.599\% \tag{7-10}$$

（4）最后，综合上述所计算出的空载电流百分数、短路阻抗百分数、空载损耗、额定负载损耗以及额定容量，结合负载率，可计算出该变压器的无功损耗为（假设满载运行）

$$\Delta Q = \sqrt{(S_N I_0 \%)^2 - P_0^2} + \beta_Q^2 \sqrt{(U_K \% S_N)^2 - P_K^2}$$
$$= 50.877 \text{kvar} \tag{7-11}$$

第8章
变压器检测试验

本章主要内容包括变压器出厂试验项目、试验方法以及试验数据测量等。

8.1 试验项目

按照国家标准，变压器出厂试验可分为三大部分：例行试验、型式试验和特殊试验。

8.1.1 例行试验

例行试验是每一台变压器必需的试验，主要包括：

（1）绕组直阻的测量。测量绕组的直流电阻，方便后续负载损耗测量的校验。

（2）变压比试验。测量不同分接开关下（一般为0，±2.5%五个档位）变压器的变压比，以及相间的变压比偏差校验。

（3）绝缘电阻的测量。为了使变压器始终处于正常运行状态，必须进行绝缘电阻的测定，以防绝缘老化和司办发生事故。

（4）外施耐压试验。一定时间内，用外施电压高于变压器额定电压几倍的高压检测其耐压能力。

（5）局部放电试验。局部放电试验即感应耐压试验。一定时间内，在不带分接的绕组两端施加两倍的频率大于额定频率的电压检测其耐压能力。它是确定变压器绝缘系统结构可靠性的重要指标之一。

（6）空载试验。测量变压器的空载电流百分数及空载损耗。

（7）负载试验。测量变压器的短路阻抗百分数及负载损耗。

8.1.2 型式试验

型式试验是除例行试验之外，为了验证变压器是否与规定的技术条件负荷所进行的具有代表性的试验（如果一台变压器的参数及结构与该厂的其他变压器完全一致，则认为该变压器具有较好的代表性。定期的型式试验最少每5年进行一次)。主要包括：

(1) 温升试验。

(2) 绝缘型式试验。

8.1.3 特殊试验

除出厂试验和型式试验之外，经制造厂与使用部门商定的试验，它适用于一台或几台特定合同上的变压器。主要包括：

(1) 绝缘特殊试验。

(2) 绕组对地和绕组间电容的测量。

(3) 暂态电压传输特性测定。

(4) 三相变压器零序阻抗测量。

(5) 短路承受能力试验。

(6) 声级测定。

(7) 空载电路谐波测量。

(8) 长时间空载试验。

(9) 油流静电测量。

另外国家电网公司对变压器要求新增项目：

1) 低压空载试验 (380V 电压下的空载电流和空载损耗测量)。

2) 低压下的短路阻抗测量。

3) 绕组变形测量 (频率相应法)。

4) 1.1 倍额定电流发热试验。

8.2 试验方法

出厂试验时变压器最基本的试验，每台变压器出厂前都必须经出厂试验检验合格后贴上合格证方可使用。以干式变压器为例简要说明其出厂试验过程中用到的一些设备和检测方法。

8.2.1 试验设备

图 8-1 为变压器特性综合测试台，主要功能是为变压器提供一个可调节的三相交流电压，相当于试验电源。

图 8-2 为变压器空载测试仪。应用于变压器三相空载试验和负载试验，可分别

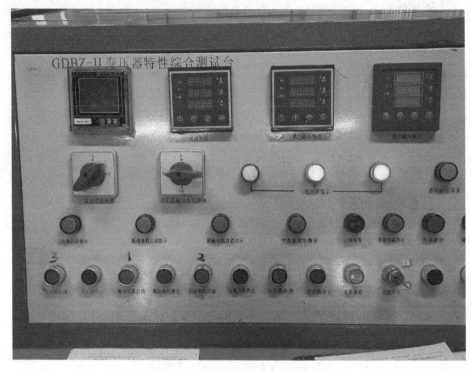

图 8-1　变压器特性综合测试台

测出空载电流、空载损耗以及短路阻抗、负载损耗。

图 8-2　变压器空载测试仪

图 8-3 为变压器高压试验控制台，主要用于变压器耐压试验。

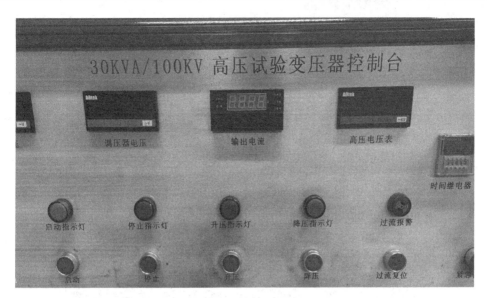

图 8-3　高压试验变压器控制台

图 8-4 为轻型高压试验变压器。相当于一个小型的升压变压器，输出高压交流电，与高压试验控制台配合完成变压器的耐压试验。

图 8-4　轻型高压试验变压器

图 8-5 为局部放电综合分析仪，用于变压器的局部放电测试试验。

图 8-5　局部放电综合分析仪

8.2.2　具体试验方法

还是以 SCB10—800/10，联结组别为 Dyn11，分接范围为 ±2×2.5% 的干式变压器为例。

1. 绕组直阻的测量

直流电阻的测量如图 8-6 和图 8-7 所示，通过直阻速测仪可直接测量。一次侧由于不同分接下的绕组匝数不同，所以需要测量分别分接为 -5%、-2.5%、0、+2.5%、+5% 五组数据。由于二次侧为 D 联结，每一组数据包括相电阻（线电阻）R_{AB}、R_{BC}、R_{CA} 三组数据。低压侧没有分接头，但由于为 Y 联结，需要测量相电阻 R_{0a}、R_{0b}、R_{0c} 以及线电阻 R_{ab}、R_{bc}、R_{ca} 六组数据。

2. 电压比试验

变压器电压比试验与直阻测量试验过程类似，通过变压比测试仪（见图 8-8）同样测量分接为 -5%、-2.5%、0、+2.5%、+5% 五组数据。另外还需测量一次绕组 AB、BC、CA 的变压比偏差。

图 8-6　绕组直阻测量试验

图 8-7　直阻速测仪

图 8-8　变压器电压比测试仪

3. 耐压试验

耐压试验通过高压试验控制台控制试验变压器输出高压来完成。变压器耐压试验电压高压侧为 35kV，低压侧为 3kV，测试时间为 1 分钟，如图 8-9 所示。

图 8-9　耐压试验

4. 局部放电试验

局部放电试验是指带有局部放电量检测的感应耐压试验。高压侧接大容量电容器，低压侧施加800V、频率150Hz的高频电压，测试时间为40s，如图8-10所示。

图8-10 局部放电试验

5. 负载试验和空载试验

变压器的负载试验（短路试验）和空载试验（开路试验）与第2.1节中的测量方法一致，这里就不再过多赘述。试验现场如图8-11所示。

图8-11 负载试验和空载试验

图 8-12 为负载试验和空载试验的人机交互界面。可以看出负载试验测得变压器短路阻抗和负载损耗，空载损耗测得变压器空载电流和空载损耗。

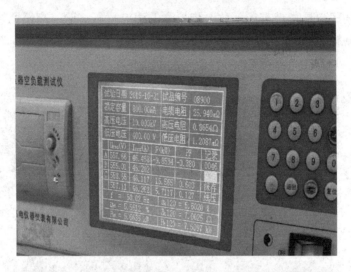

图 8-12　负载试验和空载试验人机交互测试界面

8.3　试验数据

本节列出了几种常用容量及常用型号的干式变压器试验记录单。记录单中基本包含了整个出厂试验的所有需要记录的试验数据，如图 8-13 ~ 图 8-18 所示。

版本号：A版	变压器试验记录单(干变)	修订次数：0 次
编制部门：质管部		第 页 共 页

出厂编号 YG19-0802　规格型号 SCB10-1000/10　额定容量 1000 kVA　产品代号 137.722.81000.1

额定 高压 10000 V　额定 高压 57.7 A　分接范围 ±2×2.5%　频率 50 Hz

电压 低压 600 V　电流 低压 1443A　联接组别: □Yyn0 □Dyn11 □I-I-0 □Yd11 □YNd11

绝缘电阻 ＿℃	高压、低压~地（R15）＿＿（R60）2000 MΩ	外施耐压试验	高压对低压及地 35 kV	感应耐压试验	频率 150 HZ
	低压~高压及地（R15）＿＿（R60）＿ MΩ		低压对地 3 kV		施加电压 800 V
	高压~低压及地（R15）＿＿（R60）1000 MΩ		时间 1 分钟		时间 40 秒

直流电阻 22℃	分接	RAB（Ω）	RBC（Ω）	RCA（Ω）	变压器油试验结果（干变不填）	油号：＿号
	1	0.6537	0.6524	0.6534		油基：＿
	2	0.6385	0.6371	0.6381		
	3	0.6233	0.6219	0.6229		击穿电压：＿kV
	4	0.6079	0.6066	0.6076		
	5	0.5926	0.5914	0.5923		酸值

	R0a（Ω） 0.000447	R0b（Ω） 0.000456	R0c（Ω） 0.000460	闪点
	Rab（Ω） 0.000900	Rbc（Ω） 0.000899	Rac（Ω） 0.000905	
器身	Rab（Ω）	Rbc（Ω）	Rac（Ω）	凝固点

变压比试验	变压比偏差%（"/"前面是器身变化，"/"之后是产成品的变化）						联接组标号
	分接	AB/ab	BC/bc	CA/ca	匝比K	电压比K	测量日期	
	1	0.07/	-0.021	0/		26.25		□Yyn0
	2	0/	0.07/	0.021		25.625	22/10	□Dyn11
	3	0.04/	0.03/	0.03/		25		□I-I-0
	4	0.04/	0.04/	0.04/		24.375		□Yd11
	5	0.06/	0.05/	0.05/		23.05		□YNd11

空载试验	U(V)			I(A)			P(W)			试验结果		
	Uab	Ubc	Uca	Ia	Ib	Ic	P1	P2	P3	10(%)	PO(W)	偏差%
器身										0.505	1798	
成品												

负载试验 ＿℃	U(V)			I(A)			W(W)			试验结果	
	UAB	UBC	UCA	IA	IB	Ic	P1	P2	P3	Uk（%）	Pk(W)
										5.61	8697

局部放电测试	相序	A相	B相	C相	结果
	Pc				

备注		结论	(签章)

图 8-13　SCB10－1000/10

版本号：A版	变压器试验记录单(干变)	修订次数：0 次
编制部门：质管部		第 页 共 页

出厂编号 YG19-08800 规格型号 SCB10-800/10 额定容量 800 kVA 产品代号：1BT.720.808200.1

额定电压 高压 10000 V 额定电流 高压 46.2 A 分接范围：±2×2.5% 频率 50 Hz

额定电压 低压 400 V 额定电流 低压 1154.7 A 联接组别：□Yyn0 ☑Dyn11 □I-1-0 □Yd11 □YNd11 □____

绝缘电阻 22℃		外施耐压试验		感应耐压试验	
	高压、低压~地（R15）____（R60）2000 MΩ		高压对低压及地 35 kV		频率 150 HZ
	低压~高压及地（R15）____（R60）1k MΩ		低压对地 3 kV		施加电压 800 V
	高压~低压及地（R15）____（R60）1000 MΩ		时间 1 分钟		时间 40 秒

直流电阻 22℃	分接	RAB(Ω)	RBC(Ω)	RCA(Ω)
	1	0.9059	0.9081	0.9063
	2	0.8851	0.8871	0.8855
	3	0.8644	0.8670	0.8649
	4	0.8420	0.8439	0.8425
	5	0.8212	0.8232	0.8217
	R0a(Ω) 0.000602	R0b(Ω) 0.000605	R0c(Ω) 0.000620	
	Rab(Ω) 0.001204	Rbc(Ω) 0.001204	Rac(Ω) 0.001218	
器身	Rab(Ω)	Rbc(Ω)	Rac(Ω)	

变压器油试验结果（干变不填）：油号：____号；油基：____；击穿电压：____kV；酸值：；闪点：；凝固点：

变压比试验	变压比偏差%（"/"前面是器身变化，"/"之后是产成品的变化）						联接组标号
分接	AB/ab	BC/bc	CA/ca	匝比K	电压比K	测量日期	
1	0.02/	0.06/	0.05/	[illegible]	26.25	22/10	□Yyn0 ☑Dyn11 □I-1-0 □Yd11 □YNd11 □____
2	0.05/	0.07/	0.06/		25.625		
3	0.10/	0.11/	0.11/		25		
4	-0.02/	0.01/	-0.02/		24.375		
5	0.01/	0.04/	0.03/		23.75		

空载试验	U(V)			I(A)			P(W)			试验结果		
	Uab	Ubc	Uca	Ia	Ib	Ic	P_1	P_2	P_3	I0(%)	P0(W)	偏差%
器身										0.60	1511	
成品												

负载试验 ℃	U(V)			I(A)			W(W)			试验结果	
	UAB	UBC	UCA	IA	IB	IC	P_1	P_2	P_3	Uk(%)	Pk(W)
										5.60	7510

局部放电测试	相序	A相	B相	C相	结果
	Pc				

备注		结论	(签章)

质检员：王亚 检测室主管：贾 日期：2019年10月22日

图8-14 SCB10-800/10

版本号：A版	变压器试验记录单(干变)	修订次数：0 次
编制部门：质管部		第 页 共 页

出厂编号 YG19-08899 规格型号 SCB10-630/1 额定容量 630 kVA 产品代号 1151.720.80630.1
额定高压 10000 V 额定高压 36.4 A 分接范围 ± 2×25 % 频率 50 Hz
电压 低压 400 V 电流 低压 909.3 A 联接组别 ☐Yyn0 ☑Dyn11 ☐I-I-0 ☐Yd11 ☐YNd11 ☐

绝缘电阻 22℃	高压、低压~地（R15）____（R60）2000 MΩ	外施耐压试验	高压对低压及地 35 kV	感应耐压试验	频率 150 HZ
	低压~高压及地（R15）____（R60）4 MΩ		低压对地 3 kV		施加电压 3XX V
	高压~低压及地（R15）____（R60）1000 MΩ		时间 1 分钟		时间 40 秒

直流电阻 22℃	分接	RAB(Ω)	RBC(Ω)	RCA(Ω)	变压器油试验结果（干变不填）	油号：___ 号
	1	1.326	1.327	1.334		油基
	2	1.296	1.297	1.303		
	3	1.263	1.264	1.271		击穿电压：___kV
	4	1.233	1.234	1.240		
	5	1.200	1.201	1.207		酸值
	R0a(Ω) 0.000837	R0b(Ω) 0.000839	R0c(Ω) 0.000861			闪点
	Rab(Ω) 0.001674	Rbc(Ω) 0.001674	Rac(Ω) 0.001676			凝固点
器身	Rab(Ω)	Rbc(Ω)	Rac(Ω)			

变压比试验	变压比偏差%（"/"前面是器身变化，"/"之后是产成品的变化）						联接组标号
	分接	AB/ab	BC/bc	CA/ca	匝比K	电压比K	测量日期	
	1	0.04/	0.08/	0.06/		26.25	22/10	☐Yyn0
	2	0.09/	0.12/	0.11/		25.625		☑Dyn11
	3	0.02/	0.04/	0.02/		25		☐I-I-0
	4	0.06/	0.09/	0.07/		24.375		☐Yd11
	5	-0.03/	0.01/	-0.01/		23.75		☐YNd11

空载试验	U(V)			I(A)			P(W)			试验结果		
	Uab	Ubc	Uca	Ia	Ib	Ic	P1	P2	P3	10(%)	PO(W)	偏差%
器身										0.77	1386	
成品												

负载试验 ℃	U(V)			I(A)			W(W)			试验结果	
	UAB	UBC	UCA	IA	IB	Ic	P1	P2	P3	Uk(%)	Pk(W)
										5.60	6592

局部放电测试	相序	A相	B相	C相	结果
	Pc				

备注		结论（签章）

图 8-15　SCB10－630/10

版本号：A版	变压器试验记录单(干变)	修订次数：0 次
编制部门：质管部		第 页 共 页

出厂编号 YG19-19354 规格型号 SCB10-1000/25 额定容量 1000 kVA　产品代号 1BT.7229/0W.2

额定 高压 10500 V　额定 高压 55 A　分接范围 ±2×2.5%　频率 50 Hz

电压 低压 400 V　电流 低压 14434 A　联接组别：☐Yyn0 ☑Dyn11 ☐I-I-0 ☐Yd11 ☐YNd11

绝缘电阻 24 ℃	高压-低压~地（R15）＿＿＿（R60）2000 MΩ	外施耐压试验	高压对低压及地 35 kV	感应耐压试验	频率 150 HZ
	低压-高压~地（R15）＿＿＿（R60）／ MΩ		低压对地 3 kV		施加电压 800 V
	高压~低压~地（R15）＿＿＿（R60）1000 MΩ		时间 1 分钟		时间 60 秒

直流电阻 74 ℃	分接	RAB(Ω)	RBC(Ω)	RCA(Ω)	变压器油试验结果（干变不填）	油号：＿＿号
	1	0.8597	0.8603	0.8594		油基：＿＿
	2	0.8400	0.8407	0.8395		
	3	0.8191	0.8200	0.8187		击穿电压：＿＿kV
	4	0.7793	0.8000	0.7990		
	5	0.7796	0.7803	0.7792		

	R0a(Ω) 0.000414	R0b(Ω) 0.000413	R0c(Ω) 0.000426	酸值	
	Rab(Ω) 0.000826	Rbc(Ω) 0.000824	Rac(Ω) 0.000839	闪点	
器身	Rab(Ω)	Rbc(Ω)	Rac(Ω)	凝固点	

变压比试验	变压比偏差%（"/"前面是器身变化，"/"之后是产成品的变化）					联接组标号
	分接	AB/ab	BC/bc	CA/ca	匝比K	电压比K	测量日期	
	1	0.02 /	0.02 /	0.03 /		27.56		☐Yyn0
	2	0.04 /	0.04 /	0.04 /		26.91		☑Dyn11
	3	-0.06 /	-0.06 /	-0.06 /		26.25	1022	☐I-I-0
	4	-0.04 /	-0.04 /	-0.04 /		25.59		☐Yd11
	5	-0.01 /	-0.01 /	-0.01 /		24.93		☐YNd11
								☐

空载试验	U(V)			I(A)			P(W)			试验结果		
	Uab	Ubc	Uca	Ia	Ib	Ic	P1	P2	P3	I0(%)	P0(W)	偏差%
器身										0.45	1732	
成品												

负载试验 ℃	U(V)			I(A)			W(W)			试验结果		
	UAB	UBC	UCA	IA	IB	Ic	P1	P2	P3	Uk(%)	Pk(W)	
										6.10	9235	

局部放电测试	相序	A相	B相	C相	结果
	Pc				

备注		结论	(签章)

图 8-16　SCB10 – 1000/10.5

1.技术条件使用范围							
产品代号	1BT.720.101000F.1			联结组标号	Dyn11		
型　号	SCB10-1000/10			频率	50　Hz		
额定容量	1000　kVA			装置种类	户内		
额定电压	10000±2×2.5%/400 V			冷却方式	AN/AF		
额定电流	57.7 / 1443.4 A						

2.本产品的基本技术条件							
3.本产品重要技术条资料及有关数据							
装配图	1BT.720.101000F.1			接线图			
铭牌和铭牌数据图	1BT.720.101000F.1MP			试验程序			
高压线圈	6BT.602.101000F.1			试验方法			
中压线圈				散热器型号和只数			
低压线圈	6BT.602.101000F.2			轨距 mm	纵向 920	横向 820	

4.技术数据

试验数据(温度120℃)	设 计 值			裕度%	标 准 值		
	高-中	高-低	中-低		高-中	高-低	中-低
负载损耗 W		8435		+15		8130	
短路阻抗 %		6.03		±10		6.0	
空载损耗 W		1844		+15		1770	
空载电流 %		0.69		+30		0.8	
高压每相电阻 Ω		1.523771					
中压每相电阻 Ω							
低压每相电阻 Ω		0.000425					
电抗器总损耗 W							
电抗器每相电阻Ω							

5.高压试验标准						
外施高压	50　Hz　　1 min					
高压方面	35　kV					
中压方面						
低压方面	3　kV					
感应高压	200%　　100 Hz　1 min			总重	3050　kg	

附注	总损耗裕度为+10%　　　高压匝数（额定档）：563，低压匝数：13

图 8-17　SCB10－1000/10

1.技术条件使用范围

产品代号	1BT.720.111000F.1	联结组标号	Dyn11
型 号	SCB11-1000/10	频 率	50 Hz
额定容量	1000 kVA	装置种类	户 内
额定电压	10000±2×2.5%/400 V	冷却方式	AN/AF
额定电流	57.7 / 1443.4 A		

2.本产品的基本技术条件

3.本产品重要技术条资料及有关数据

装配图	1BT.720.111000F.1	接线图		
铭牌和铭牌数据图	1BT.720.111000F.1MP	试验程序		
高压线圈	6BT.602.101000F.1	试验方法		
中压线圈		散热器型号和只数		
低压线圈	6BT.602.101000F.2	轨距 mm	纵向 920	横向 820

4.技术数据

试验数据(温度120℃)	设 计 值			裕度%	标 准 值		
	高-中	高-低	中-低		高-中	高-低	中-低
负载损耗 W		8435		+15		8130	
短路阻抗 %		6.03		±10		6.0	
空载损耗 W		1690		+15		1590	
空载电流 %		0.69		+30		0.8	
高压每相电阻 Ω		1.523771					
中压每相电阻 Ω							
低压每相电阻 Ω		0.000425					
电抗器总损耗 W							
电抗器每相电阻Ω							

5.高压试验标准

外施高压	50 Hz 1 min
高压方面	35 kV
中压方面	
低压方面	3 kV

感应高压	200%	100 Hz	1 min		总 重	3050 kg

附注	总损耗裕度为+10% 高压匝数(额定档):563, 低压匝数:13

图 8-18　SCB11－1000/10

参 考 文 献

[1] 张植保，陈坤华，胡文锋，等．变压器原理与应用［M］．北京：化学工业出版社，2007.

[2] 路长柏，郭振岩，刘文里，等．干式变压器理论与计算［M］．沈阳：辽宁科学技术出版社，2002.

[3] 尹克宁．变压器设计原理［M］．北京：中国电力出版社，2003.

[4] 刘传彝，蒋守诚，赵良云，等．电力变压器设计计算方法与实践［M］．沈阳：辽宁科学技术出版社，2002.

[5] 姚志松，姚磊，楼其民，等．中小型变压器实用全书［M］．北京：机械工业出版社，2008.

[6] FRANKLIN A C，FRANKLIN D P．变压器全书——电力变压器实用技术［M］．崔立君，译．北京：机械工业出版社，1990.

[7] 谢毓城．电力变压器手册［M］．2版．北京：机械工业出版社，2014.

[8] 贺以燕．变压器工程技术［M］．北京：中国标准出版社，2000.

[9] 陈世坤，丁梵林，周希贤，等．电机设计［M］．北京：机械工业出版社，2000.

[10] 贺以燕，杨治业．变压器试验技术大全［M］．沈阳：辽宁科学技术出版社，2006.

[11] 李丹，刘向勇，黄锦旺，等．电机与变压器［M］．北京：清华大学出版社，2017.

[12] 陈宗穆，娄廖博，黄季球，等．变压器原理与应用［M］．北京：化学工业出版社，2009.

[13] 陈乔夫，李湘生，李德，等．变压器的理论计算与优化设计［M］．武汉：华中理工大学出版社，1990.

[14] 钟洪璧，高占邦，王正官，等．电力变压器检修与试验手册［M］．北京：中国电力出版社，2000.

[15] 崔立君，张茂鲁，张洪，等．特种变压器理论与设计［M］．北京：中国电力出版社，2000.

[16] 王正官，刘军，刘文君，等．变压器试验原理和方法［Z］．1993.

[17] 咸日常．电力变压器运行与维修［M］．北京：中国电力出版社，2014.

[18] 国智文．配电变压器实用技术［M］．北京：中国电力出版社，2011.

[19] 路长柏．电力变压器绝缘技术［M］．哈尔滨：哈尔滨工业大学出版社，1997.

[20] 王晓莺，王文昌，王雪刚，等．变压器实用技术大全［M］．北京：机械工业出版社，2008.

[21] 胡景生．配电变压器能效标准实施指南［M］．北京：中国标准出版社，2007.

[22] 辜承林，陈乔夫，熊永前，等．电机学［M］．2版．武汉：华中科技大学出版社，2000.

[23] 全国变压器标准化技术委员会．油浸式电力变压器技术参数和要求：GB/T 6451—2015［S］．北京：中国标准出版社，2015.

[24] 李霞．配电变压器容量及损耗在线检测系统的设计与研究［D］．重庆：重庆大学，2012.

[25] 马奎，赵思翔，樊益平，等．三绕组变压器损耗带电测量方法［J］．变压器，2015，52

（11）：65 – 70.

[26] 程琳，任士焱．三相变压器空载与负载损耗在线检测方法［J］．仪器仪表学报，2005，26（8）：144 – 145.

[27] 盛万兴，王金丽．非晶合金铁心配电变压器应用技术［M］．北京：中国电力出版社，2009.

[28] 胡启凡．变压器试验技术［M］．北京：中国电力出版社，2010.

[29] JAMES H HARLOW．电力变压器工程（原书第3版）［M］．保定天威保变电气股份有限公司译．北京：机械工业出版社，2016.